纺织服装高等教育"十四五"部委级规划教材

时尚产品设计系列丛书

丛书主编 田玉晶 俞英

鞋履设计与表达

田玉晶 杨景裕 编著

東華大學出版社

图书在版编目（CIP）数据

鞋履设计与表达 / 田玉晶编著 . -- 上海 : 东华大学出版社 , 2021.7

ISBN 978-7-5669-1928-1

Ⅰ . ①鞋… Ⅱ . ①田… Ⅲ . ①鞋－设计 Ⅳ . ① TS943.2

中国版本图书馆 CIP 数据核字 (2021) 第 132383 号

责任编辑：张　煜

系列统筹：王建仁

鞋履设计与表达

田玉晶 杨景裕 编著

出　　版：东华大学出版社（上海市延安西路 1882 号，200051）

网　　址：http://dhupress.dhu.edu.cn

天猫旗舰店：http://dhdx.tmall.com

营销中心：021-62193056 62373056 62379558

印　　刷：上海盛通时代印刷有限公司

开　　本：787mm × 1092mm 1/16 印张：8

字　　数：300 千字

版　　次：2021 年 7 月第 1 版

印　　次：2021 年 7 月第 1 次印刷

书　　号：ISBN 978-7-5669-1928-1

定　　价：49.00 元

内容简介

《鞋履设计与表达》是一本关于鞋履设计的专业书籍，以鞋履设计环节为主要对象，介绍了鞋履设计师需要了解的基础知识及基本的设计流程和方法，主要包括鞋履发展简史、鞋履设计基础、鞋履设计研究、鞋履设计构思、鞋履设计表达等板块，囊括了中西方鞋履发展简史、足部解剖学、鞋楦、鞋号、鞋履基本款式和设计、鞋履设计研究的要点和方法、鞋履设计表达的特点和要求等内容和分析。

本书在综合了多位鞋履设计专家实践经验的同时，提供了大量的设计案例及图片，揭示了鞋履设计的关键流程和方法，让初学者了解鞋履设计开发过程。本书是高等本科院校、鞋履设计师和钟情于鞋履设计人们的学习指南。

丛书主编简介

俞英

东华大学服装与艺术设计学院产品设计系教授，从事时尚产品设计教学与研究工作。1984 年 7 月毕业于无锡轻工业学院（现为江南大学）产品设计专业，先后任教于安徽工程大学、上海交通大学、东华大学等，有 30 多年的教学工作经验，日本名古屋艺术大学访问学者，中国服饰协会研发中心顾问，主持科研项目 20 余项，申请实用新型专利 20 多项，论文 13 篇，出版了《服装设计表现技法荟萃》《时装局部设计与裁剪 500 例》《卡通造型设计》《产品设计模型表现》《平面 \ 立体 \ 形态 \ 创意》《工业设计资料集》等十多本教材。

田玉晶

东华大学服装与艺术设计学院产品设计系副教授、硕士生导师，主要研究方向为时尚产品设计创新与策略研究。研究涉及鞋、包、帽、辅料等时尚配饰产品设计开发过程中的精准策略研究（包括设计趋势研究、用户研究和消费者调研、鞋履产品企划等）、创新设计研究（包括概念设计、外观设计、CMF 设计等）和增值服务设计研究（包括配套包装设计、产品展示与终端设计、跨界品牌合作等）。

近年来完成百余册流行趋势报告；出版“十三五”规划教材 1 本，参与编写海派流行趋势专著 12 本；发表了 10 余篇论文；获得发明及实用新型专利 20 余项；指导学生参赛荣获 360 余项奖励；获得东华大学青年教师讲课竞赛一等奖，东华大学本科教学示范岗，东华大学青年五四奖章（个人），上海市五四青年奖章（团队），上海市青年教师讲课竞赛三等奖等 70 余项奖励及荣誉称号。

前言

中国一直是鞋类生产加工大国，当前正处在从中国制造向中国“智造”过渡的阶段。目前，很多以加工、贸易为主体的企业都开始由外销转为内销，开始开拓国内的市场，但品牌的建立需要有高端人才的输入及自主研发团队的能力提升和培养。鞋履行业需要的设计师不再是会简单改版的设计工匠，而是具有市场意识、创新意识、策划意识、管理意识、沟通意识和营销意识及能力的综合性设计人才。

作为以纺织服装为特色的东华大学服装与艺术设计学院的时尚产品设计教育工作者，对于行业提出来的人才需求必须作出反应。面对鞋履设计这样一个快、准、狠的行业，每一轮产品的发布都是一场战争，在这样的背景下，我们必须提升设计教育的质量，提升中国时尚教育的系统性、针对性、专业性。把先进的鞋履设计管理的方法融入教学实践之中，教学内容和市场关联，教学内容和应用结合，在高端鞋履设计师的培养上需要作出改进。通过系列丛书《时尚产品设计》《鞋履设计与表达》的编写，系统地提升年轻一代鞋履设计师的专业水平和国际视野，同时也吸引更多的兴趣爱好者加入鞋履设计行业。

此课程的教学目的，帮助学生迅速了解鞋履设计师所要掌握的鞋履发展简史、鞋履设计基础，并通过设计研究、设计构思和设计表达三个关键环节熟悉鞋履设计的基本流程和方法。

与市场上其他教材相比，本书的特色具体表现在以下几个方面：

首先，本系列教材内容的提炼依照国际鞋履品牌实际设计的流程来进行，并综合了鞋履设计领域专家实践经验提炼对应的设计方法。

其次，比较全面、系统地总结了鞋履设计的流程及设计要点，同时在形式的编排方面突出新颖和趣味性。即在编排和语言的撰写方面，在保证历史文献严谨的前提下，尽量使用生动且时尚的语境表达，以吸引年轻的大学生，提高其阅读和学习兴趣。

最后，增加大量图片，通过实际的案例穿插辅助说明，图文并茂的阐述相关的理论和知识点，避免了从形式到形式，从文本到文本的传统教材编写模式。

编者

目录

第一章 鞋履发展简史

鞋履从一个侧面反映了人类前进的历程和社会文化的发展。我们可以从鞋履中看到生活在某一特定时代人们的自然环境、气候、文化背景等自然社会因素；还可以透过人们对鞋的选择瞥见穿着者的品味、仪态和社会地位等因素。传统的鞋文化对于现代鞋履设计来说，不但直接提供设计资料与信息，更可以激发我们的创造灵感。了解国内外鞋履发展的历史文化对于现代鞋履设计具有重要意义，鞋履设计需要不断继承、发扬和再创造。

第一节 西方鞋履发展简史

从古埃及时期到现代，每个时代都有不同的经典鞋履，本章节试图从西方鞋履历史发展的角度，选择西方鞋履不同时期的经典鞋款进行梳理，解析西方鞋履样式在社会发展过程中的变化。

01- 古埃及时期的鞋履

鞋，是古埃及人最贵重的服饰品，这时期已有国王足穿拖鞋的形象记载，男子拖鞋的前部略呈尖状，并向上翘起。古埃及法老图坦卡蒙的拖鞋表面还镶嵌了一层薄金。这一时期的拖鞋等都是王公贵族们的宠爱物和奢侈品，它们充满了享乐主义和宫廷艺术的气息。作为木乃伊“服饰”的一部分，凉鞋有着重要的意义，因为死者的灵魂再生后将依靠它行走，如图 1-1-1 所示。

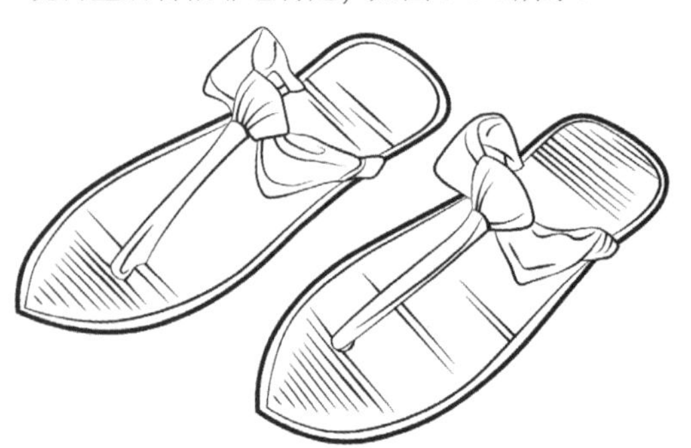

图 1-1-1 古埃及时期的凉鞋

用纸莎草、芦苇、棕榈和皮革等做成的“桑达尔”，如图 1-1-2 所示。凉鞋，是身份高贵人的专用品。聪明的埃及妇女把珠宝装饰在鞋上，既防日晒又美化形象。

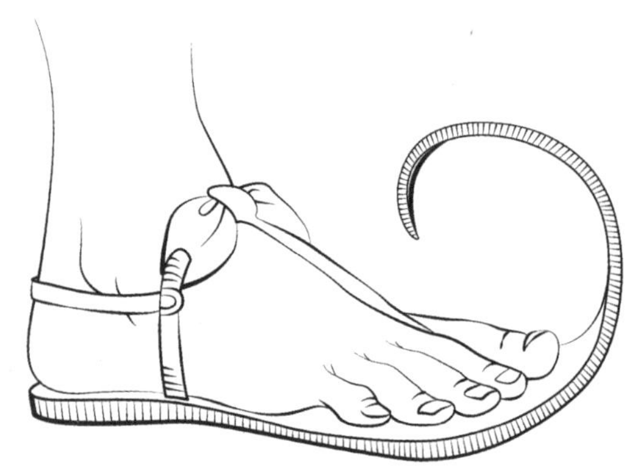

图 1-1-2 古埃及时期的“桑达尔”

02- 古希腊时期的鞋履

古希腊时期的鞋子有拖鞋、平面鞋和高筒靴三种，这在公元前 5 世纪已经很完善，古希腊男女都穿硬革的凉鞋，其帮面有明显的发展，用于保护和装饰脚面的大块面和绳结采用小动物的毛皮做成，此时男性的凉鞋上有金饰，拖鞋的底部与脚形吻合，并能分辨出左右，带子经鞋底绕向两个脚趾之间，再与鞋底两侧的带子相结，系于脚踝处，如图 1-1-3 所示，拖鞋的制作多用皮条编织而成，或将一块皮革割成网状做鞋面，再与鞋底缝合起来，数条皮带将鞋子与脚踝缠绑，穿着非常方便和牢固。其式样有赫尔墨斯式拖鞋、皮面木底拖鞋、带打褶的长舌拖鞋等。古希腊人在室内都赤脚，外出才穿鞋，奴隶在室外赤脚，士兵和猎人穿长筒靴。男鞋多为自然色或黑色，女鞋多为红、黄、绿等鲜艳色。

图 1-1-3 古希腊时期的凉鞋

03- 古罗马时期的鞋履

古罗马人的鞋是从古希腊式派生出来的，但意义与古希腊人的鞋不同，如图 1-1-4 所示。古希腊人把鞋看作是衣服的附属品，室内裸足，外出穿鞋，而古罗马人则把鞋和衣服同等看待，造型和配色都具有特定的社会意义。庶民用的凉鞋由未经鞣制的生牛皮条制成，男女平时穿用皮条编制的短靴。禁止奴隶穿鞋。贵族有专用款式的短靴。元老院成员穿用的靴子用小牛皮制成，比较柔软。皇帝的鞋是用红色的皮条编织而成的。可以看出，古罗马人在穿鞋上也区分人的等级。古罗马人在室内穿类似现在拖鞋一样的轻便凉鞋，贵族们常在鞋上装饰宝石。古罗马皇帝的鞋上还装饰有钻石。

图 1-1-4 古罗马时期的鞋履

04- 中世纪拜占庭时期的鞋履

拜占庭时期的鞋均由皮革制成，如图 1-1-5 所示。鞋履造型明显受东方的影响，男子一般都穿长及腿肚的长筒靴，紧身的霍兹常常塞在长筒靴里，贵族女子穿镶嵌着宝石的浅口鞋。

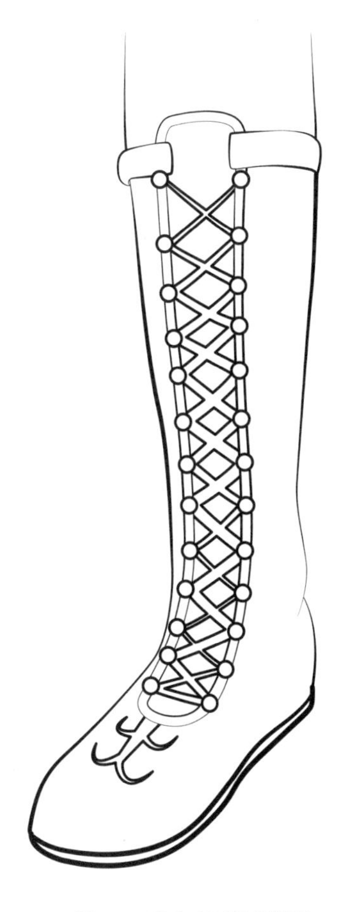

图 1-1-5 拜占庭时期的鞋履

05- 哥特式时期的鞋履

13世纪至15世纪的尖头鞋“波兰那”和圆锥状的尖顶帽汉宁于哥特式建筑的尖塔造型相呼应。13世纪后男子的尖头鞋“波兰那”鞋尖向长发展，如图1-1-6所示。14世纪末达到高峰，最长可达1米，鞋尖的长短依身分高低而定，王族的“波兰那”可长到脚长的2.5倍，贵族的可长到脚长的2倍，骑士的为1.5倍，商人的为1倍，庶民的只能为0.5倍。鞋很窄，紧紧裹紧着脚。材料为柔软的皮革，鞋尖部分用鲸须和其他填充物支撑。因鞋过长，妨碍行走，所以把鞋尖向上弯曲，用金属链把鞋尖拴回到膝下或脚踝处。

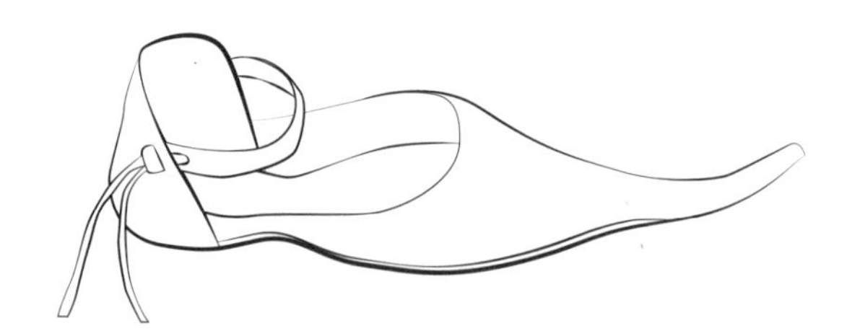

图1-1-6 哥特时期的“波兰那”

06- 文艺复兴时期的鞋履

文艺复兴时期女士们为了增加身高而流行穿高底鞋“乔品”，如图1-1-7所示。“乔品”的底为木制，鞋面是皮革，做成拖鞋状。鞋底高度为20～25 cm，最高达30cm。到16世纪后半叶，“乔品”被高跟鞋取代。德意志风格时期，鞋头成方形，与哥特式时期正相反，鞋头向横向发展，比脚的实际宽度宽得多。

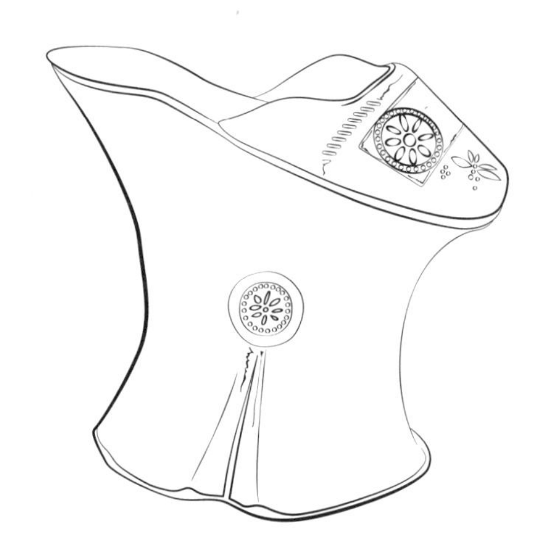

图1-1-7 文艺复兴时期的“乔品”

07- 17世纪的鞋履

17世纪的鞋尖多为梯形或圆形，鞋跟的形状美观，用缎带制成的玫瑰花装饰遮住脚背，掩盖了绳结。此时期穿靴也很盛行，无论在室内还是室外，骑马还是不骑马，都穿靴。靴上装有刺马针和套圈，靴筒上部翻折下来，如图1-1-8所示。另一种靴的靴口加宽，并向外翻折，造型也很精美，虽然穿着时可能不方便，但它能使镶有精美花边的长筒袜展现出来，因此仍受到人们的喜爱。17世纪后期鞋式更加华丽，鞋尖呈方形，鞋舌较高而且朝外翻起，鞋面上窄窄的鞋带用小型的金属鞋扣扣结，宫廷中鞋跟为红色木制。女式鞋的鞋尖更细，鞋跟亦更高更细，所用的制鞋材料除了皮质，上面还织有花纹和绣有花的丝绸，鞋口装饰有羽毛或花结等，非常华美。

图1-1-8 17世纪的男靴

08- 18 世纪的鞋履

“洛可可”时期装饰风延续至 18 世纪，不仅限于采用贝壳、羽毛、 蝴蝶结等缎带进行装饰。女士仍穿长裙，但裙摆已渐短至鞋帮以上，露出的鞋式多为浅帮平底鞋和结带式舞鞋。此时男子鞋式也有受女士结带装饰的影响出现了“返祖”的巴比伦式凉鞋。女鞋在此时出现了著名的“路易高跟鞋”，其造型十分优美，跟从后边曲状地被置于脚心位置，鞋尖很尖，鞋面用带结或带扣固定，如图 1-1-9 所示。鞋舌部分变小，鞋跟也变矮，鞋上的扣带装饰更为突出、宽大。18 世纪后半期，鞋式逐渐有了变化，以圆头鞋为多，鞋舌消失，鞋面的扣状装饰加大并呈弯曲状，更适合脚面的形状。很多鞋上的装饰十分漂亮，有的用银丝制成，有的镶以人造宝石或贵重宝石，女式整体仍以高跟大头为时髦，在山羊皮的鞋款上布满了刺绣花纹，或在锦缎高跟鞋上装上装饰丝带。

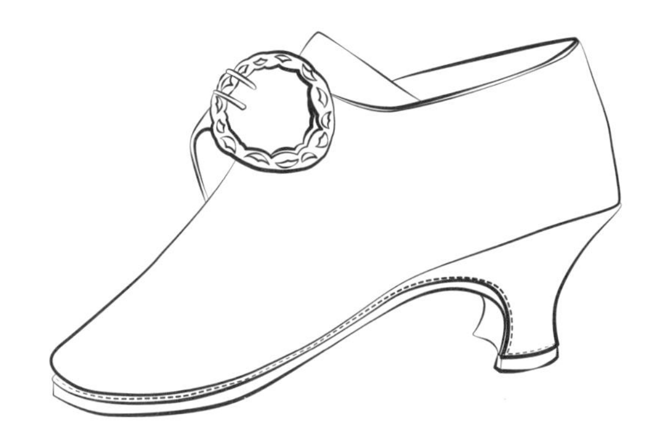

图 1-1-9 18 世纪的“路易高跟鞋”

09- 19 世纪的鞋履

男鞋以靴为主。靴大致有三种形式：一是黑森式靴，靴口呈心形，饰有缨穗；二是惠灵顿式，靴统高，靴口后缘凹下形成缺口；三是骑手靴，靴口用轻而薄的皮革制成，并向下折回。浪漫主义时期流行轻骑兵靴和陆军卫兵长靴。19 世纪 20 年代末期，出现了男女均穿的低跟高跟鞋，鞋帮高出踝关节约 7.62cm，鞋面用本色布和皮革为主要材料，在脚内侧用带系结，鞋尖细长； 19 世纪 40 年代中期出现了松紧带的便鞋；到了 19 世纪 50 ～ 60 年代，半高筒靴及高筒靴要用带系扎，尖头浅口无带鞋类开始出现，且设计得更加瘦小，鞋跟也更细更高，如图 1-1-10 所示。

女鞋的色彩非常受重视，有青绿、浅黄、大红、杏绿、黄色、白色等，鞋面饰有蝴蝶结和系带装饰布，鞋头的造型更圆了，鞋也更为实用。

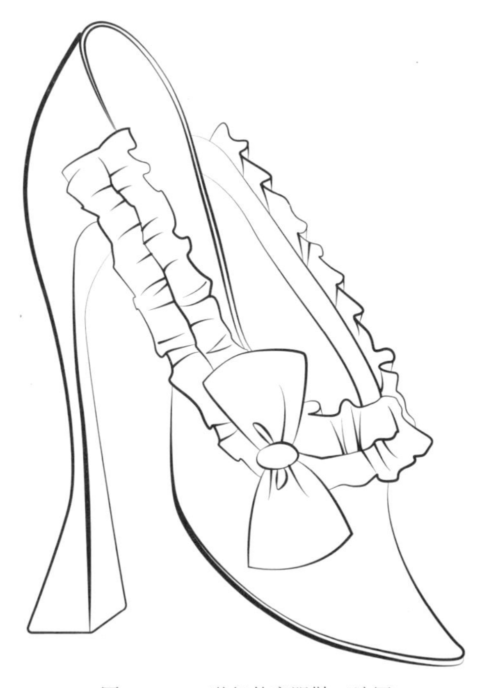

图 1-1-10 19 世纪的高跟鞋（法国）

010- 新古典主义时期的鞋履

新古典主义时期的女鞋为皮带凉鞋“桑述尔”和低跟的无带鞋“庞普斯”，取代了“路易高跟鞋”。此时的鞋饰很精致，例如有连环针刺绣、铁珠装饰、银扣装饰及精美饰带。维多利亚女王的一双有松紧饰边的矮勒靴，成为之后 40 年盛行的靴式，19 世纪 60 年代以后，鞋的设计越来越受到重视，鞋帮用艳丽的织物作装饰，鞋面系带的方式取代了鞋帮系带，鞋扣开始流行。19 世纪 80 年代鞋的造型为尖头、浅口无带式，选料多与服装的面料相同，以绸缎面料为主，并装饰有小羊毛缨穗和镶金装饰物，在较隆重的节日中，人们常穿着有几条系带的羊皮便鞋和有小珍珠扣子的浅口无带鞋，还有黑天鹅绒面的马车靴等，如图 1-1-11 所示。

图 1-1-11 19 世纪 80 年代带缨穗的鞋履

011- 20 世纪的鞋履

第二次世界大战以后，鞋作为服装配件的一部分，款式越来越多，变化的速度也越来越快，人们不断追求着鞋式的轻便、舒适和时髦。女式鞋款的变化更加快捷，鞋尖由长到短、渐圆渐方；鞋跟由低变高、由粗变细，随着社会的发展，鞋的种类、款式越来越多，工艺制作也更加精致、美观，如图 1-1-12 所示。

图 1-1-12 20 世纪鞋 （意大利）

012- 21 世纪的鞋履

21 世纪的鞋履成为了时尚的代名词，它是一种人格魅力、一种时尚武器，而不再简单是双鞋。随着制鞋工艺技术的进步，鞋履的设计也不再局限在细高跟、牛仔靴、平底鞋等款式上，异形跟、3D 打印鞋底、非织鞋面等已经面世，并深入鞋履的世界，如图 1-1-13 所示。

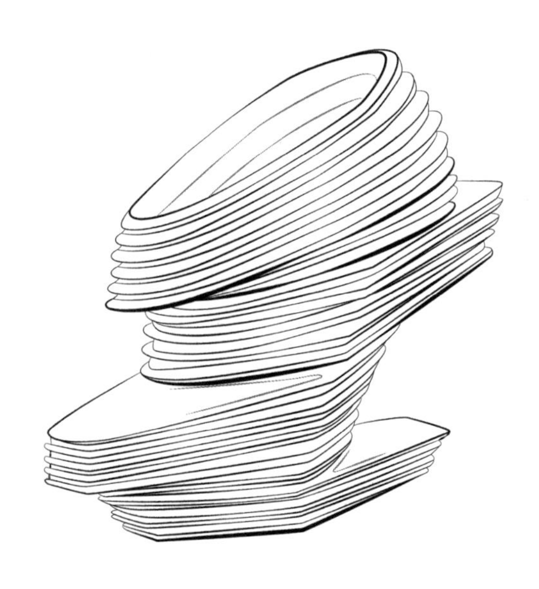

图 1-1-13 扎哈 · 哈迪德设计的鞋履

第二节 中国鞋履发展简史

中国鞋履文化源远流长，具有浓厚的文化内涵，古代就有“足衣”之说。回顾中国鞋履发展的历史，探寻鞋履文化的渊源，为现代鞋业设计提供依据。

01- 最原始的鞋履

在我国旧石器时代，人类用各种石器、棍棒在山川峡谷、森林草原捕猎动物，在捕获动物后，就带到自己的洞穴里，“食其肉而用其皮”，为了不受外界气候条件以及地面条件的影响和威胁，他们不仅制作兽皮衣围裹在身上来抵御风寒，并且知道用兽皮来保护脚，即用兽皮简单地将脚裹住，达到不受冻、不被刺伤的目的，这样就产生了最原始的“鞋”。

古代，人类身上的服饰分为首衣、上衣、下衣和足衣。足衣，就是对鞋与袜的总称。当时，社会生产力极其低下，也没有发明纺织。正如战国时期哲学家韩非子所论“妇女不织，禽兽之皮足衣也”（足衣即鞋的古称）。在较寒冷的地区，当时的原始人类将一种小皮条（切割而成的兽皮）包扎在脚上，实际上是一种兽皮袜，是最早的“足衣”，亦有“裹脚皮”之称，至今已有数万年以上的历史，是今天鞋的原始形态。在我国，虽然至今未发现这种“原始鞋”的实物，但在考古出土文物中，有反映远古居民的靴鞋形象，为我们研究中国远古时期鞋履文化提供了生动的资料，如图 1-2-1 所示。

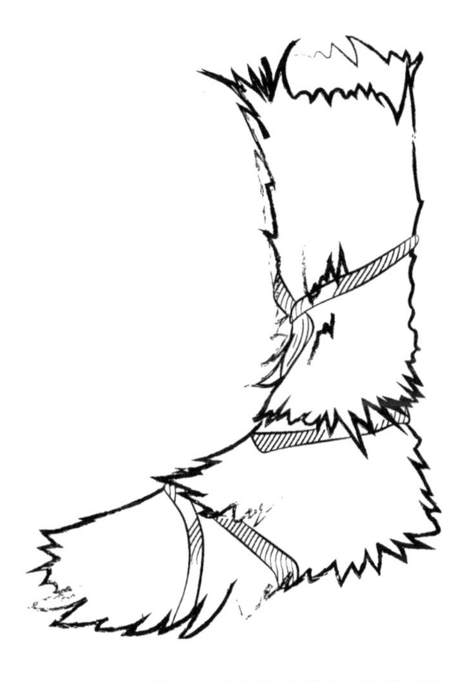

图 1-2-1 最原始的鞋履“裹脚皮”

02- 殷商时期的鞋履

殷商时期鞋的做工和装饰十分考究，用材、施色、图案都根据服饰制度有了严格的规定。从文献记载中可以看出，服制中规定了王室成员着鞋的形制与色彩，如天子用朱红色的“舄”或金色的“舄”，而诸侯用赤色的“舄”，如图 1-2-2 所示。

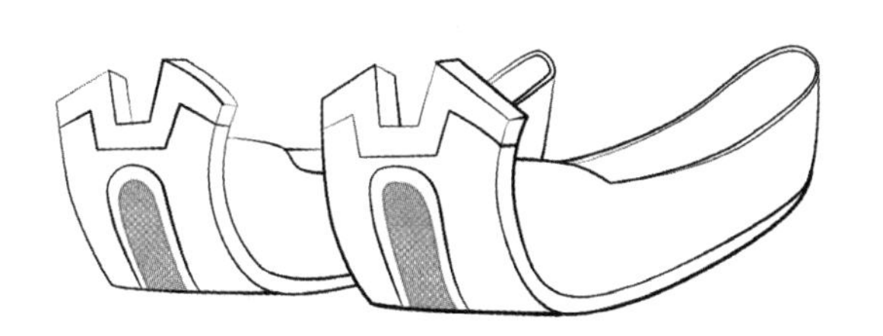

图 1-2-2 殷商时期的鞋履“舄”

03- 秦汉时期的鞋履

秦汉时期男女鞋款已显区别，男人穿方头鞋履，表示阳刚，意喻“尊天方地圆说”；女人则穿圆头鞋，意喻“温和圆顺从夫”。

汉朝重新制定服装和朝服制度，冠冕、鞋履各有等序。如对鞋子的穿着有严格的规定：祭祀穿“舄”，朝服穿“履”，燕服穿“屦”，出门行走则穿“屐”，妇女出嫁也必须穿木屐，并在上面施以彩画，另以五彩丝带系之，如图 1-2-3 所示。

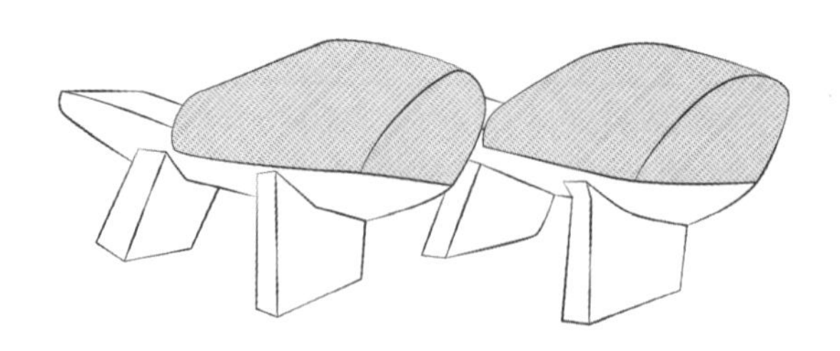

图 1-2-3 秦汉时期的“木屐”

04- 魏晋南北朝时期的鞋履

魏晋南北朝时期是我国历史上战争频繁、社会动荡的时代，成千上万的少数民族迁入中原。这种政局增加了各民族之间文化相互交融的机会，各族的衣冠“鞋履”渐趋融合。如北方民族常用的靴子相继在中原流行，靴子一般以兽皮为面料，男女通用，但不能作为正式礼服使用，“穿靴入殿”则为失礼，当时最盛行的是“木履”和“丝履”，如图 1-2-4 所示。木履即用木料制成的鞋，上至天子，下至文人、上庶都穿木屐。《释名 · 释衣服》中称屐为木底下装前后两个齿的鞋，便于雨水泥地中行走，如图 1-2-5 所示。

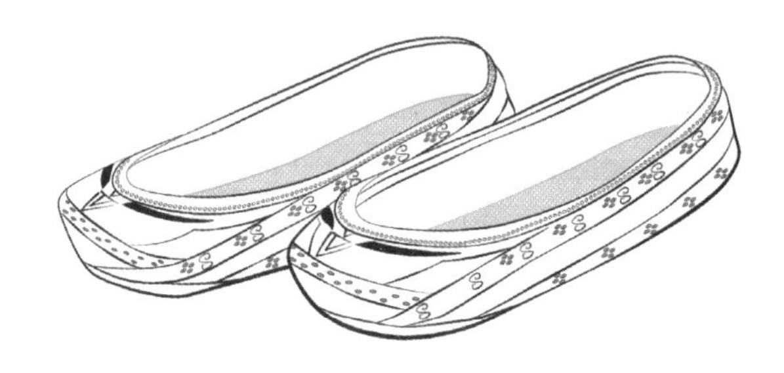

图 1-2-4 魏晋南北朝时期的“丝履”

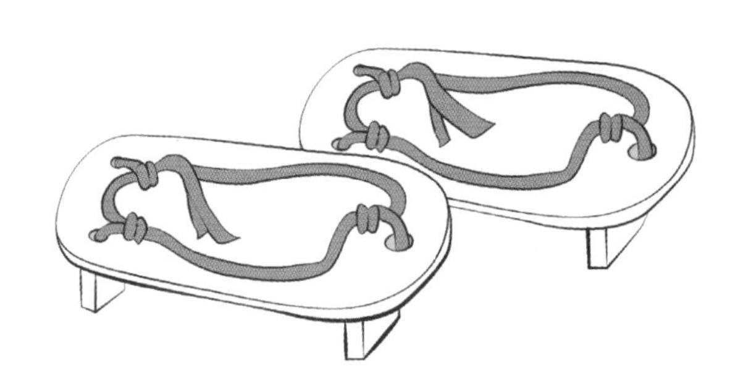

图 1-2-5 魏晋南北朝时期的“木屐”

05- 隋唐时期的鞋履

隋唐时期的鞋履既保持了传统又兼容并蓄，花色款式层出不穷，出现了有史以来最绚丽多彩的足饰，并且将泛指鞋履的名称正式写成“鞋”字，一直沿用至今，从鞋的式样上看，唐代盛行翘圆头鞋，做工很精致。另外，还出现一种用蒲草编织的“蒲草鞋”，如图 1-2-6 所示。唐宫廷女鞋、官服一般都用高墙履。

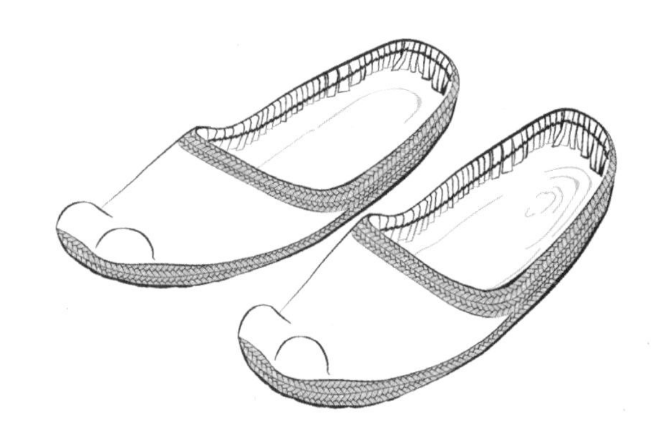

图 1-2-6 隋唐时期的“蒲草鞋”

06- 宋朝的鞋履

宋朝初期的鞋饰沿袭了前代制度，在朝会时穿靴，后改成“翘头履”，如图 1-2-7 所示，用黑革做成靴筒，内衬以毡。一般人士所穿的鞋有草鞋、布鞋、棕鞋等，按所用材料取名。南方人多穿木屐，宋人诗曰：“山静闻响屐”，形容木屐在山中行走的情形，女子的鞋常用红色鞋面，鞋头为尖形上翘，有的做成凤头，在鞋边上加以刺绣，劳动妇女则穿平头鞋、圆头鞋或蒲草编的鞋。

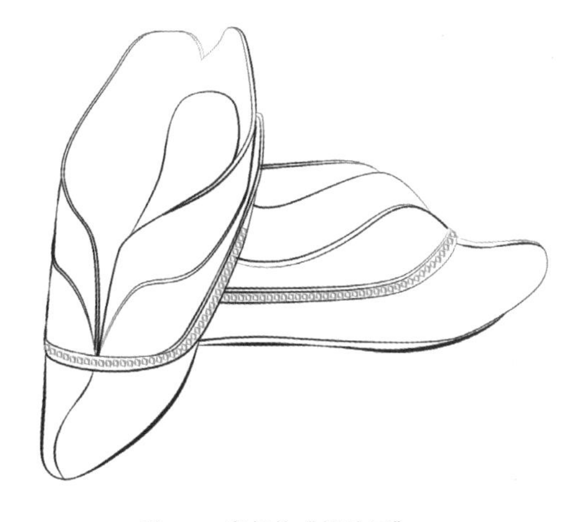

图 1-2-7 宋朝的“翘头履”

07- 明朝的鞋履

明朝推翻元代后，大力提倡恢复汉唐的服饰鞋履，花样较多，出现了皂靴、钉靴、高跟鞋，如图 1-2-8 所示，在明朝的服饰制度中，对鞋的规定很严格，无论官职大小都必须遵守服制，何种场合着何种鞋饰。如：儒生员外等允许穿靴；校尉力士在上朝时允许穿靴，外出时不许穿；其他人(民、商贾等)都不许穿靴，只能穿“皮扎”(又称“革翁”)，“革翁”是一种半高统的皮鞋，穿着时需将靴筒扎于行縢（绑腿布）之内。

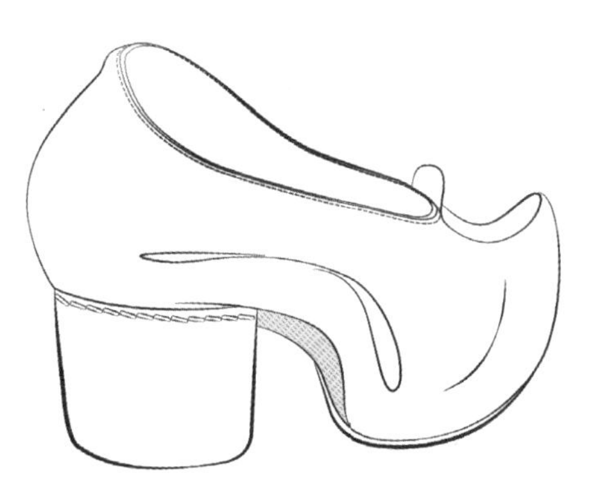

图 1-2-8 明朝的“高跟鞋”

08- 清朝的鞋履

清朝鞋制沿用明朝制式，文武各官及士庶可穿靴，而平民、伶人、仆从等不能穿靴，清代的靴多为大头式，入朝者穿方头鞋式，靴底空厚，因嫌底重，采用通草作底，称为“篆底”，后改为薄底，称为“军机跑”，满族妇女一般穿“花盆底鞋”，如图 1-2-9 所示。而汉族妇女则深受裹脚习俗的影响，普遍穿缠足鞋。

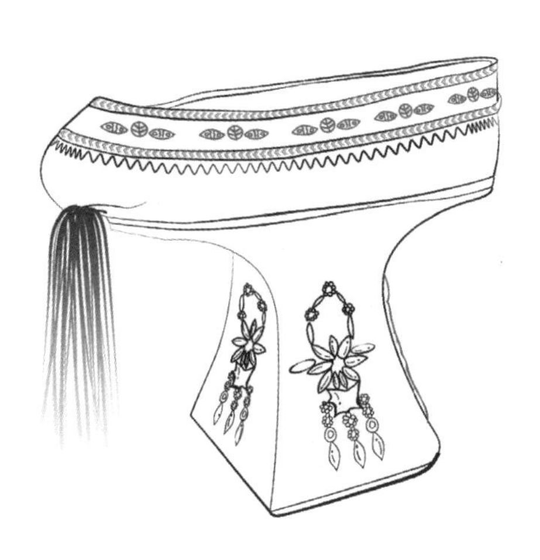

图 1-2-9 清朝的“花盆底鞋”

第二章 鞋履设计基础

人脚是身体上最复杂、最敏感的部位之一，了解足部的基本解剖结构、鞋楦和脚的关系、鞋号、鞋的基本款式及构成等有助于设计师使用行业语言进行设计沟通，是鞋履设计师入门必需要了解的部分。

第一节 足部解剖学

脚是鞋履设计的依据，虽然脚只占据身体很小一部分，但是其承载了人身体的全部重量，同时还要帮助我们平衡身体，可以说它们承受着持续不断的压力。在日常生活中，人们的大约三分之一的时间都要使用双脚站立或行走，甚至跳跃。所以一双设计良好的鞋，不应该只是让人看起来美观，更应该让人感到舒服，利于活动。

01- 脚的骨骼

脚部由 26 块骨骼组成（趾骨 14 块、跖骨 5 块、跗骨 7 块），其中跗骨是相对固定不动的，这点可以直观的从脚的解剖图及高跟鞋和平底鞋的 X 光下脚骨形态图中看出，如图 2-1-1 ～图 2-1-4 所示。

reminder

注意：

初学者不一定要死记硬背每块骨头的名称，但是要能基本了解趾骨、跖骨和跗骨的相对位置关系及大致数量。

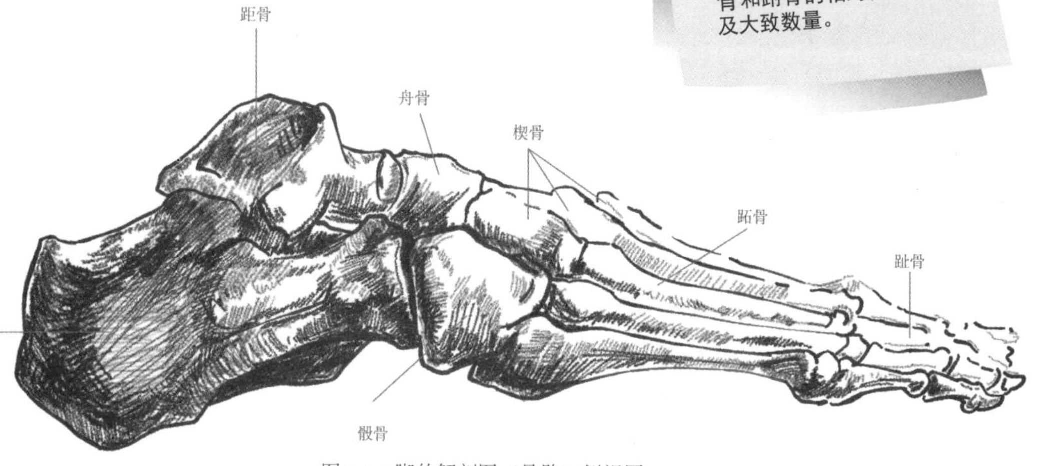

图 2-1-1 脚的解剖图（骨骼）侧视图

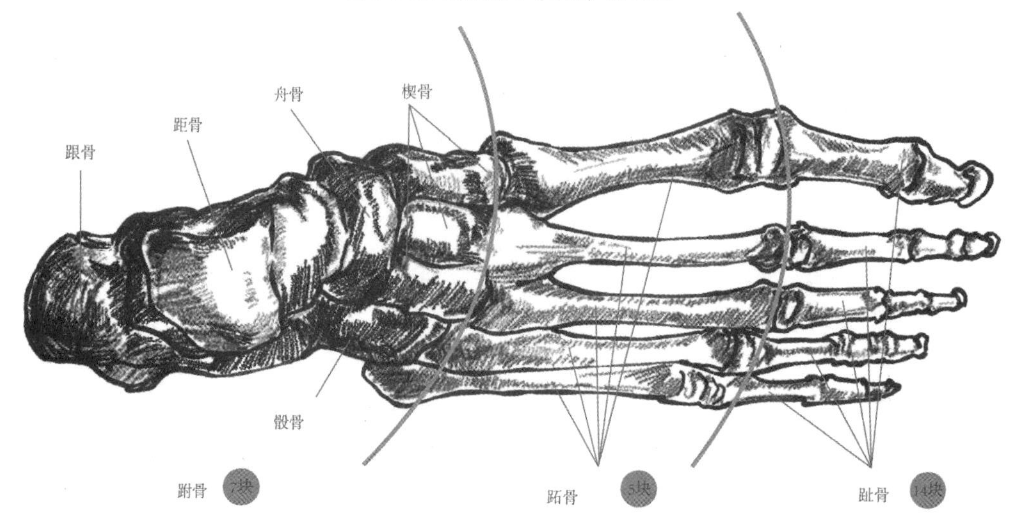

图 2-1-2 脚的解剖图（骨骼）俯视图

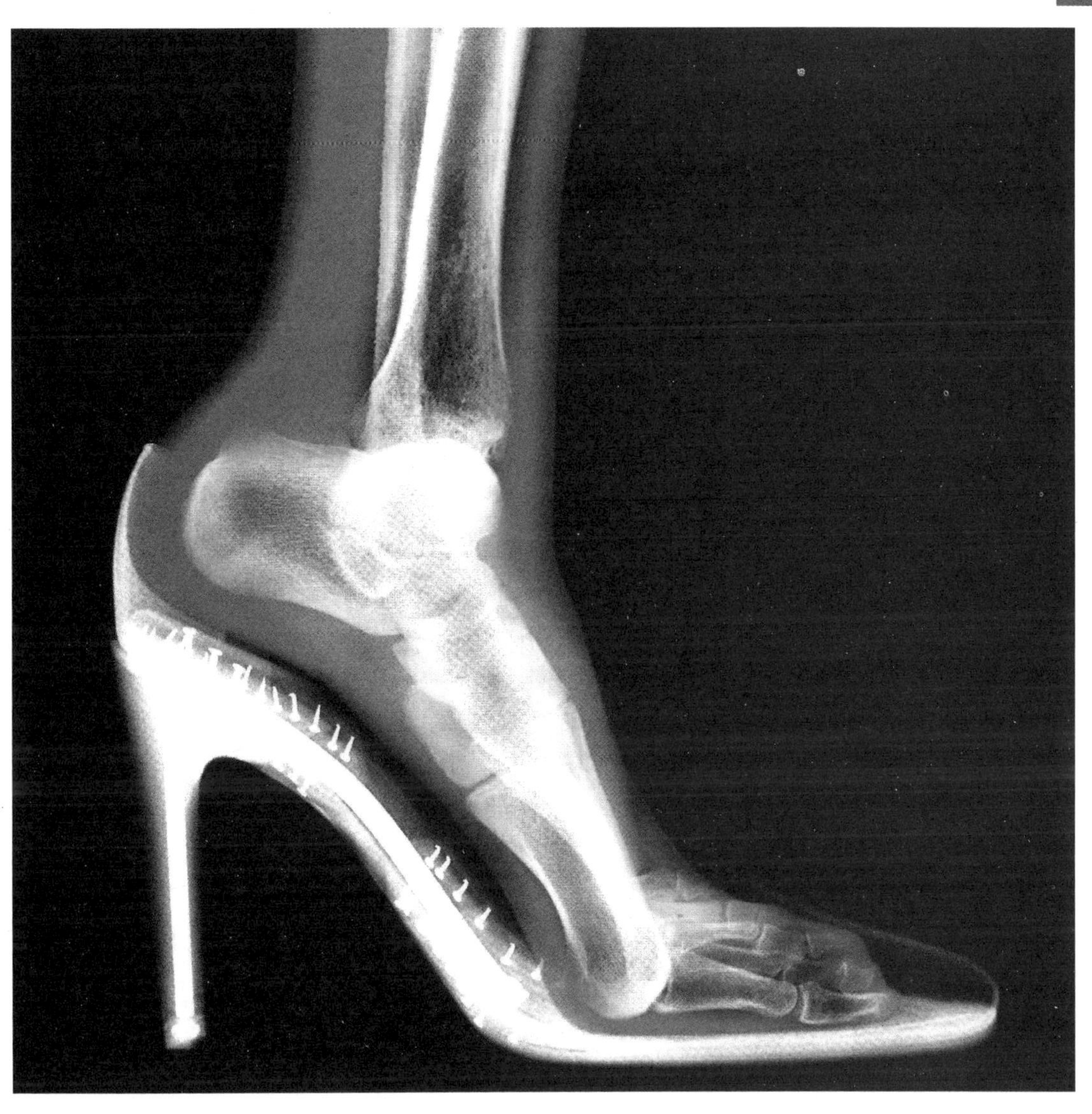

图 2-1-3 X 光下穿着高跟鞋脚的骨骼状态（图片：徐士尧）

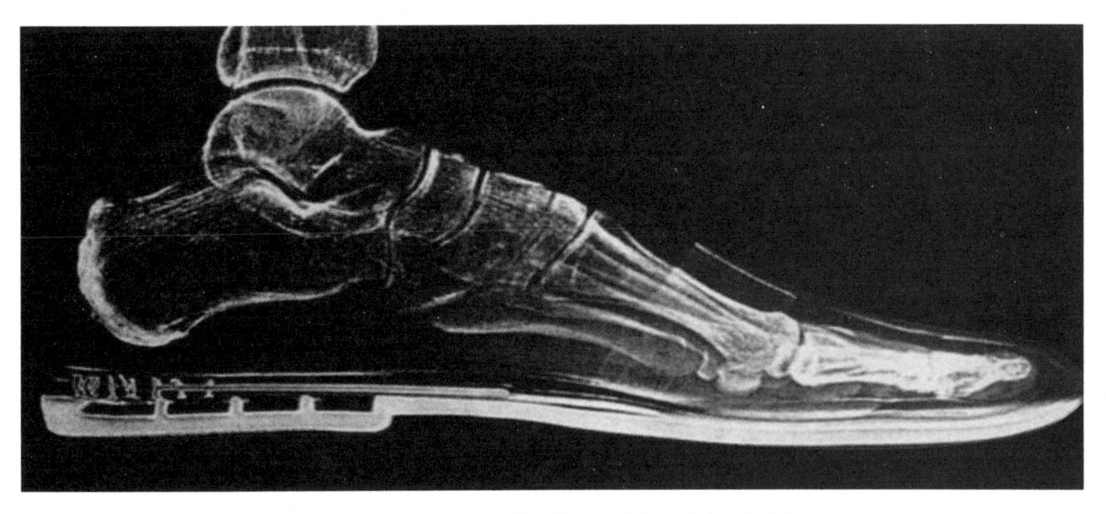

图 2-1-4 X 光下穿着平底鞋脚的骨骼状态（图片：徐士尧）

02- 脚的韧带与肌肉

脚部由 20 多条肌肉及 100 多条韧带构成，脚上布满了神经末梢，连接身体的其他部位。

脚上的韧带是全身中最强韧的韧带，其中又以连接跟骨骨骼的韧带最为强韧。脚承受体重时，连接跟骨骨骼韧带稍有伸长，去掉外力后则恢复原状，具有弹簧般的功能。韧带把骨头拉住让骨骼保持在正确位置，防止脱散。

肌肉组织为一种纤维组织附黏于骨骼上，如图 2-1-5 所示。进行运动功能的肌肉主要有通过小腿后侧的腓肠肌和通过小腿前部的胫骨前肌。脚后跟的上下运动靠腓肠肌的作用来实现。腓肠肌是始于跟骨后部，通过膝盖后部，连接股骨下端后部凹陷处的又粗又厚的肌肉。脚跟部位的腱状部分，一般称为跟腱。跟腱内有空隙，稍许的冲击会使它断裂。跟腱断裂，则脚便不能行走。

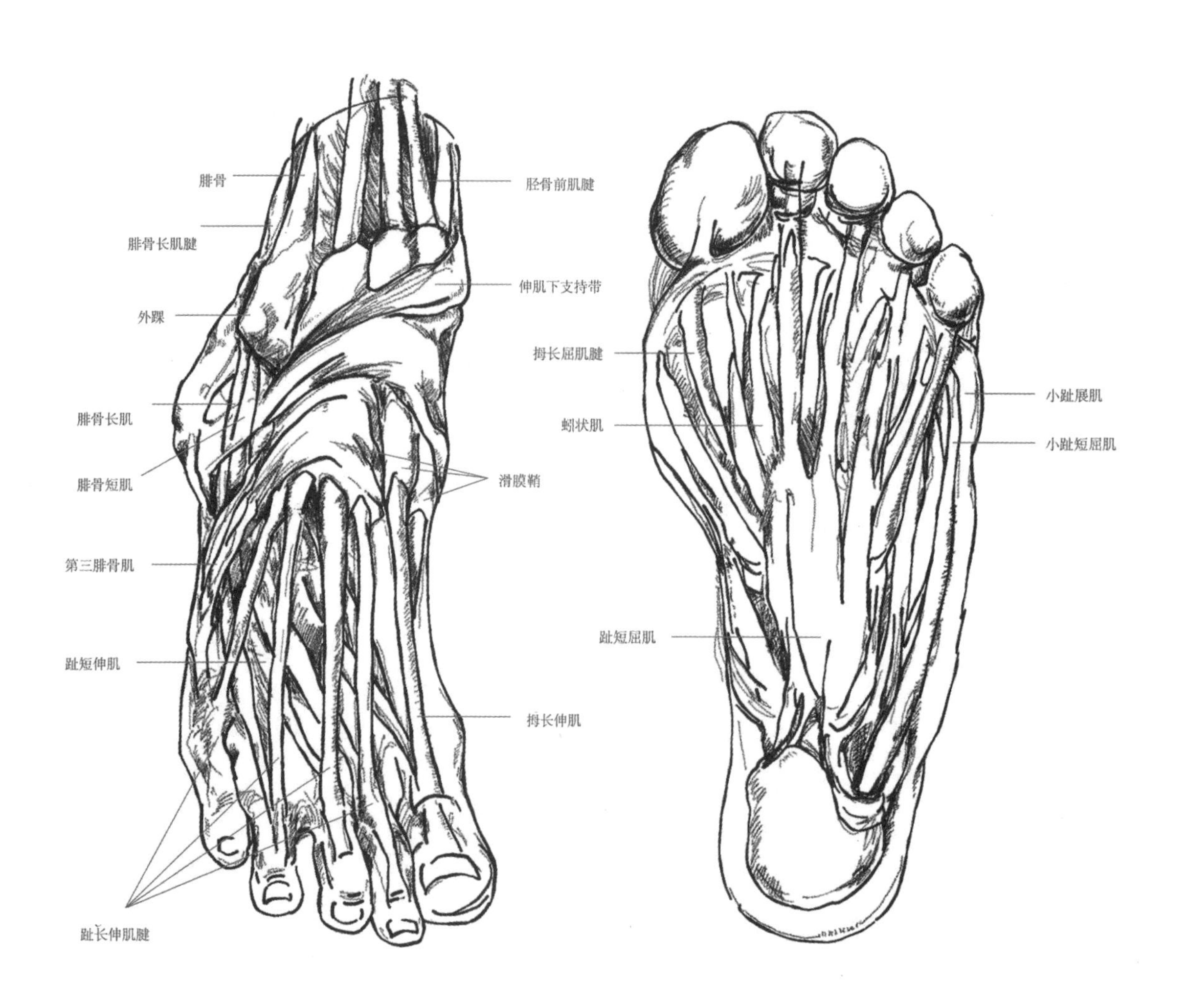

图 2-1-5 脚的解剖图（肌肉）

03- 脚的基本构成

脚的基本构成主要包括脚趾、脚背、脚踝、脚后跟、足弓、球状拇指跟，如图 2-1-6 所示。

当步行时，脚的各部形状和尺寸会发生扩展、弯曲、伸长、收缩等各种各样的变化，所以鞋必须适应脚的这种变化。鞋的结构是否和脚的运动相适应，这一点对鞋履设计是很重要的，专业术语上通常称“适应性”。对鞋来说，在运动状态下，要求鞋变形性较小，使鞋外形确保原来形状，不过早磨损，使用寿命长。对脚来讲，在运动状态下，要求脚在鞋内感到舒适合脚，不易有明显的疲劳感。

reminder

注意：
制作鞋楦和鞋子，不仅要使鞋的外观美，更要充分了解脚型及步态规律，如图 2-1-7 所示，使鞋适应脚的生理机能，让穿着者感受到舒服。

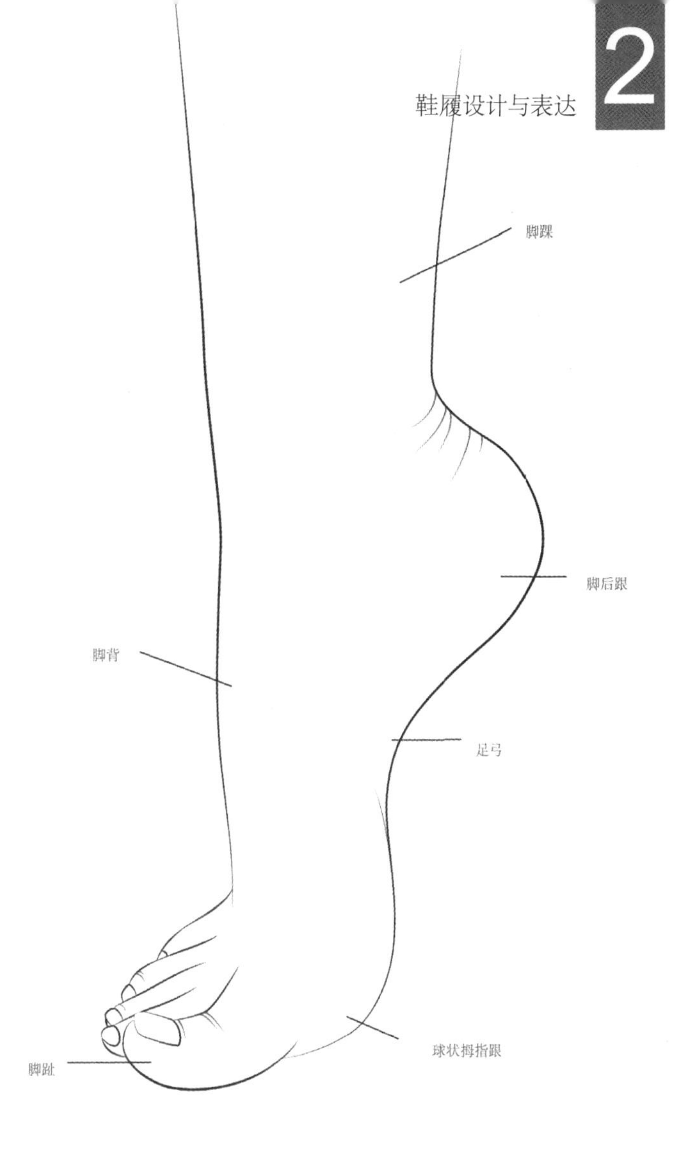

图 2-1-6 脚的基本构成

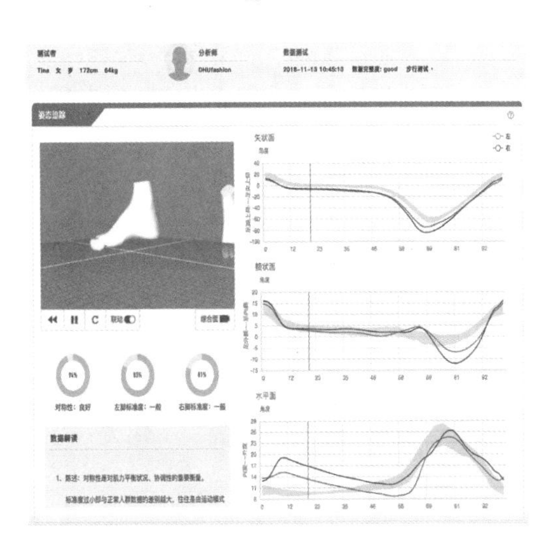

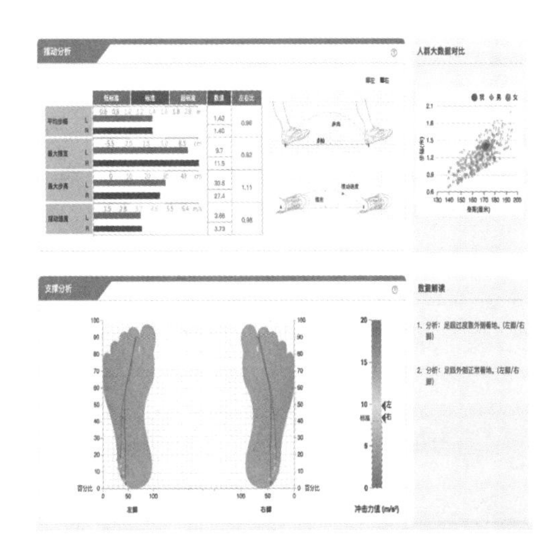

图 2-1-7 步态分析图例

第二章 鞋履设计基础

04- 脚掌的形态

脚掌是身体的“根基”部分，脚掌主要有正常、扁平及弓位过高三种状态。其主要表现在于弓位的高度上，如图 2-1-8 所示。

如脚掌出现了问题，身体整体都会受到影响，对需要长期站立或经常行走的人来说问题更严重。脚掌出现的问题主要是扁平足，其特征是足弓下陷，导致脚部整体的生物力学改变。

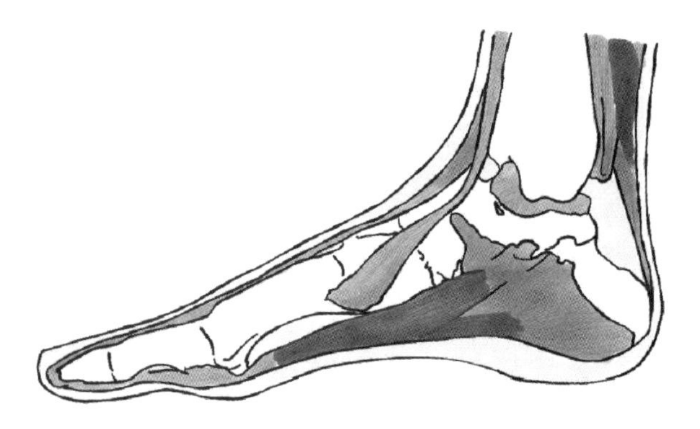

正常的脚

脚掌的中段位置有一个弯位称为足弓位。这个弯位就像脚掌的弹簧，有助吸收行走时脚跟着地及受力所引起的震荡。一般来说，成年人足弓位有 1 厘米高就是正常的。

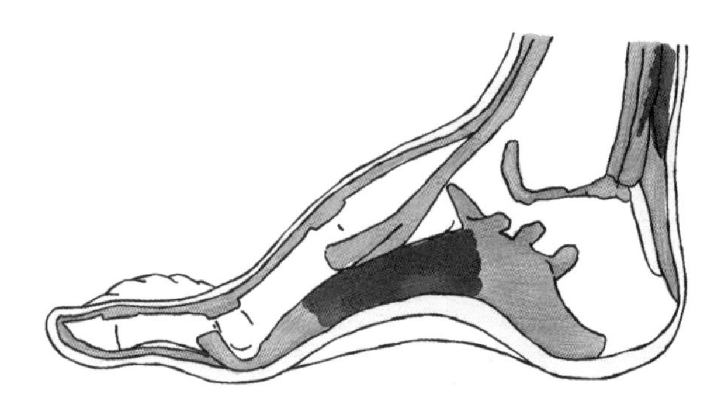

高弓足

脚掌的弓位过高，这类足部关节会比较僵硬，继而减低脚掌吸收震荡的能力。弓位过高，会令膝关节承受更大的压力，引致膝关节痛。

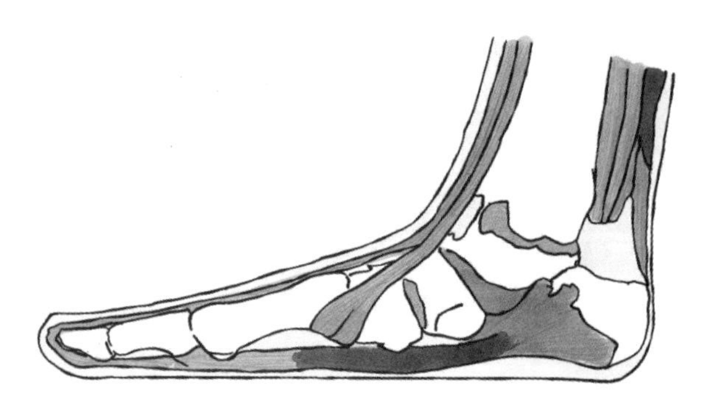

扁平足

扁平足的定义是脚掌内侧中段足弓下陷，舟骨突出，患者会同时有后足外翻、中足关节过度松弛、胫骨内旋、盆骨前倾、腰椎前弯的情况。他们比正常人步行时容易累，足底、小腿及膝部容易出现疼痛。

图 2-1-8 三种脚掌形态图

从脚掌形态上分，有如图 2-1-9 所示几种常见的畸形脚，畸形脚是指脚的个别部位变形和机能失调，而并非生理结构不健全。

畸形脚产生的原因有先天和后天。由于长时间穿用不适脚的鞋所引起畸形脚的人群很多，这类脚不宜像正常脚那样穿着工厂批量生产的鞋。但是目前在我国内还没有太多机构和企业在进行设计的时候特别关注到这些特殊人群。而在国际上针对于不同畸形脚的矫正和治疗的鞋类产品非常多，从儿童学步时就已经关注到了脚型的变化走向，及时做出矫正的治疗。作为未来的鞋业工作和爱好者，应该多关注该特殊群体。

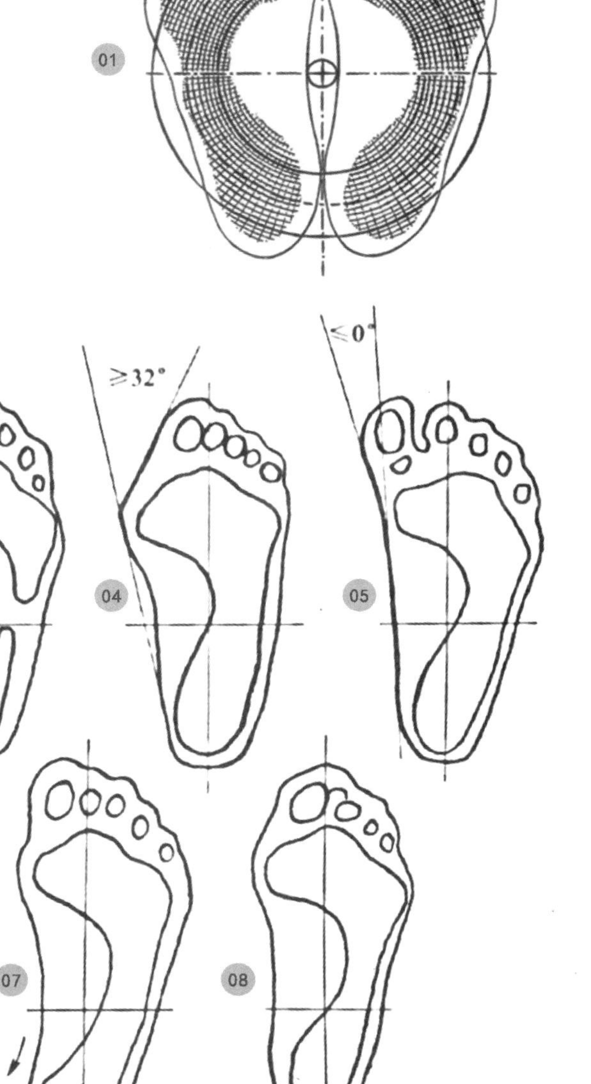

01 正常脚 02 平脚 03 高弓脚 04 拇指外翻脚 05 拇指内翘脚 06 跟外旋脚 07 跟内旋脚 08 弓趾脚

图 2-1-9 正常脚和几种常见的畸形脚形态比较图

05- 鞋履关键数据

为了保证鞋的舒适性，必须了解几个重要的有关脚的数据、标准。

和鞋内空间相关的数据：

> 前跷

人脚在不负重悬空自由状态下，由蹠趾部位向前至脚趾自然向上弯曲，与脚底平面成一定的角度，就是脚的自然跷度，称之为前跷。根据观测该跷度约为 15°，脚的前跷可用两种方式表示：第一是角度；第二是脚的前端点距地面的高度。

> 放余量

又称前余量，或简称余量。是脚趾前端到鞋顶端的空隙，这个余量給脚在行走时留出了鞋内活动的空间，因款式的差异放余量 A ～ A1 的长度也不一样，通常设置为 10 ～ 15mm 不等。

> 后容差

后容差一般是脚长的 2%，是指脚底后端点与脚后跟突点间的投影距离，为了保证适应运动中的脚踝，脚掌后部和鞋子间总是留有一点空间，不然很容易磨脚。

详见图 2-1-10 ～图 2-1-12。

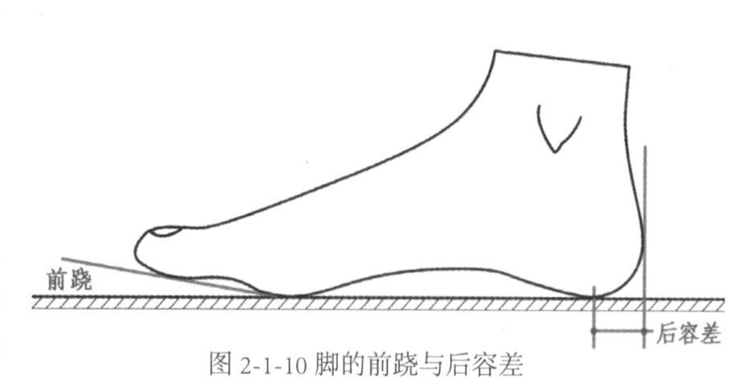

图 2-1-10 脚的前跷与后容差

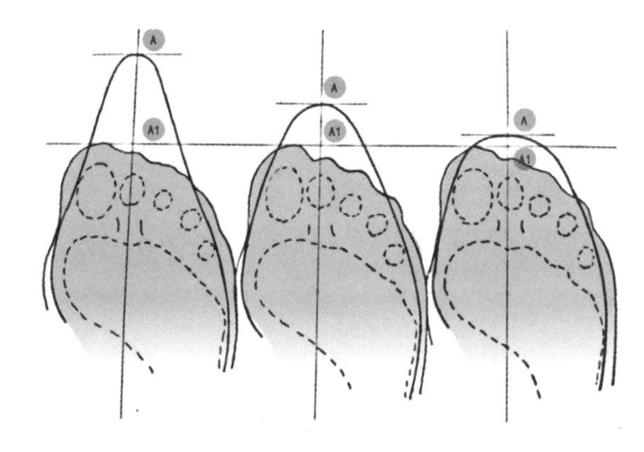

图 2-1-11 鞋履的放余量（平面）

图 2-1-12 鞋履的放余量与后容差（空间）

和长度相关的重要数据：

> 脚长

脚长是指脚前后最突出点之间的最大直线距离。

> 脚底长

脚底长是指脚底前后最突出点之间的最大直线距离，如图 2-1-13 所示。

脚底长 = 脚长 – 后容差

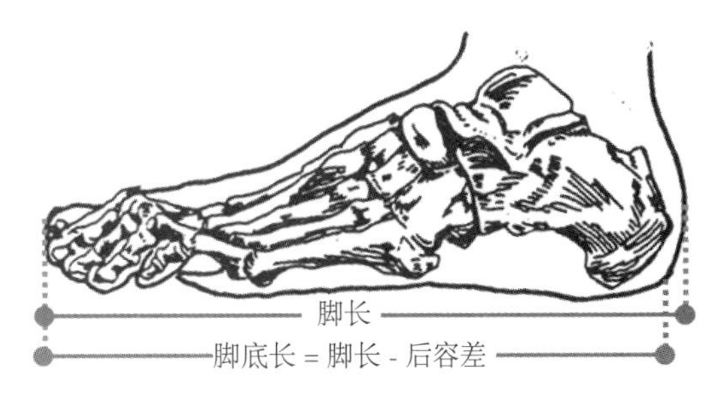

图 2-1-13 和长度相关的重要数据

和围度相关的重要数据：

围度又称为肥瘦度，包括了跖围、跗围等重要指标，一般长度和围度的增减比是 10：7。

> 跖围

跖围是围绕跖围关节突出点测量的围长，它是决定脚肥瘦度的主要标志，也是做鞋、穿鞋的重要尺寸评价标准。

> 跗围

跗围是指围绕跗骨关节突出点测量的围长，一般比跖围大半个鞋号（3.5mm）。

> 兜跟围

兜跟围是指围绕舟上弯点和后跟测量的围长，是用于做高腰鞋和靴子的重要数据，其值大小直接影响着脚是否能穿进鞋子里。

> 脚腕围

脚腕围是指脚腕处最细地方的围长，主要用于做靴子的设计。

> 腿肚围

腿肚围是指围绕腿肚下缘点测量的围长，主要用于靴子的设计。

> 膝下围

膝下围是指围绕膝盖下缘点测量的围长，主要用于靴子的设计。

详见图 2-1-14 ～图 2-1-15。

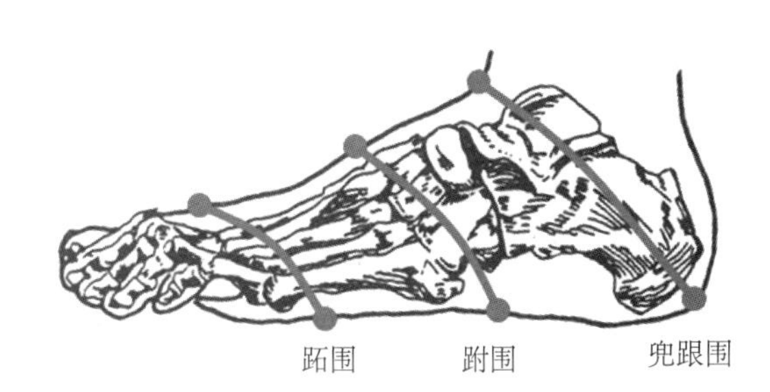

图 2-1-14 和围度相关的重要数据（脚部）

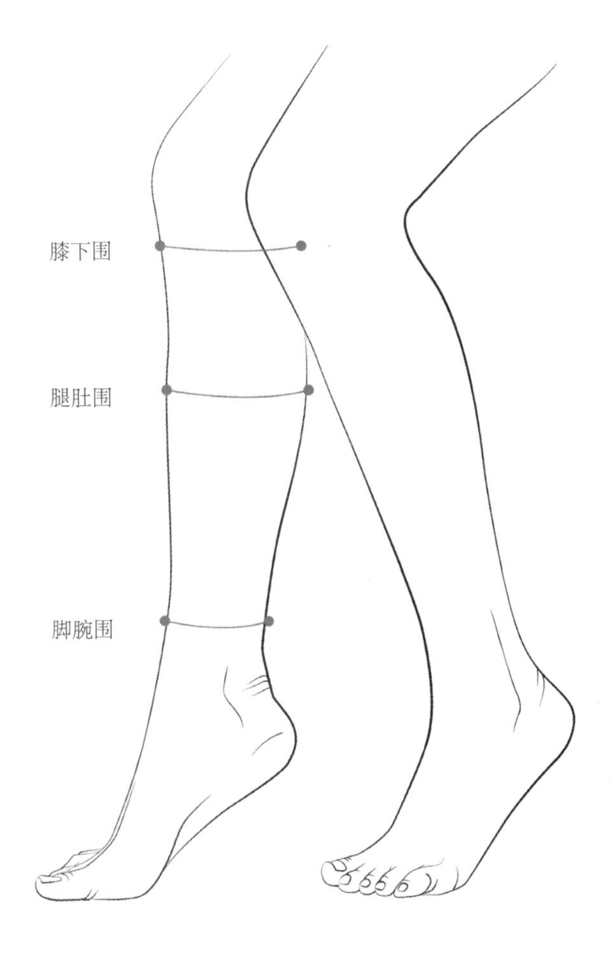

图 2-1-15 和围度相关的重要数据（腿部）

reminder

注意：

以上介绍的重要数据并不仅仅是一个数值，它们是制鞋和制楦的基础数据，是鞋履定制的关键数据，也是与鞋业从业人员沟通的专业用语。

第二节 鞋楦

鞋楦的外形类似于人脚，是一种模仿脚的人造形体，专门用于鞋类的设计和制作。鞋楦也称作楦头、楦模或简称楦。鞋楦是一种能保持鞋内腔具有一定规格尺寸的胎具，鞋类设计、制作和生产中都离不开鞋楦。鞋楦是鞋子的母体，它不仅决定了鞋子的造型，而且还决定了鞋子的舒适性。

01- 鞋楦的各部位名称

鞋楦中每一条线、每一个部位都有明确的名称，具体名称如鞋楦侧面图以及俯视图、仰视图中的名称标注，如图 2-2-1 至图 2-2-2 所示。

reminder

注意：

虽然鞋楦的造型以脚型为依据，但鞋子的品种、式样、加工工艺、原辅材料性能、穿着环境和条件等也将影响鞋楦的数据（头型、放余量、翘度等），导致基于同一双脚也会产生万千种不同的鞋楦形态。

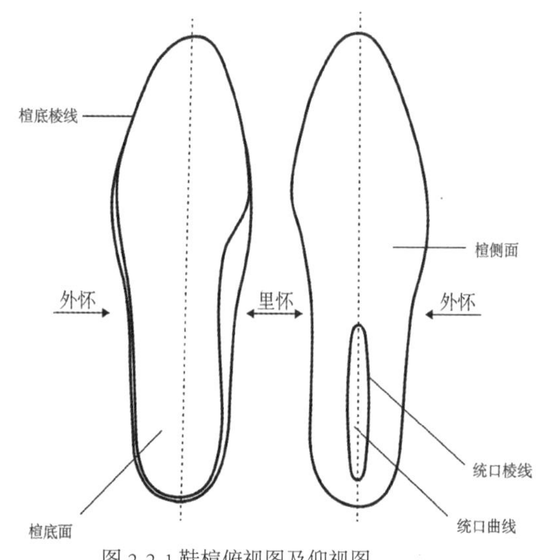

图 2-2-1 鞋楦俯视图及仰视图

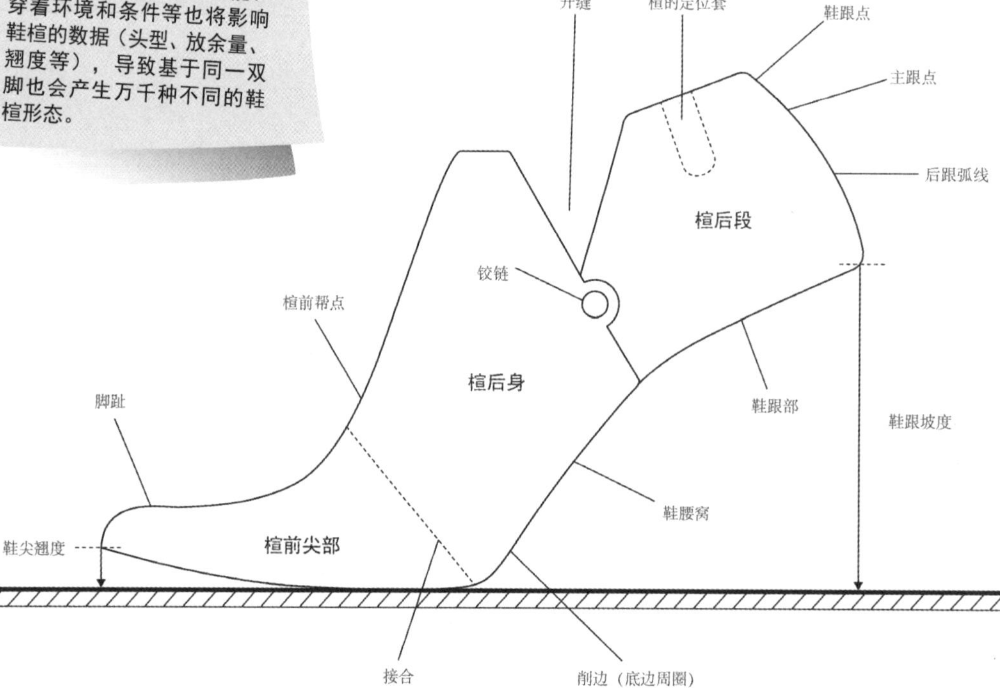

图 2-2-2 鞋楦侧视图

02- 鞋楦的测量

鞋楦的测量常用软尺、鞋楦高度定位阶梯、量弧器、四脚平等工具，用来测量鞋楦的长度、围度、高度、后弧度等。

鞋楦上的主要测量点位和名称如图 2-2-3 所示。

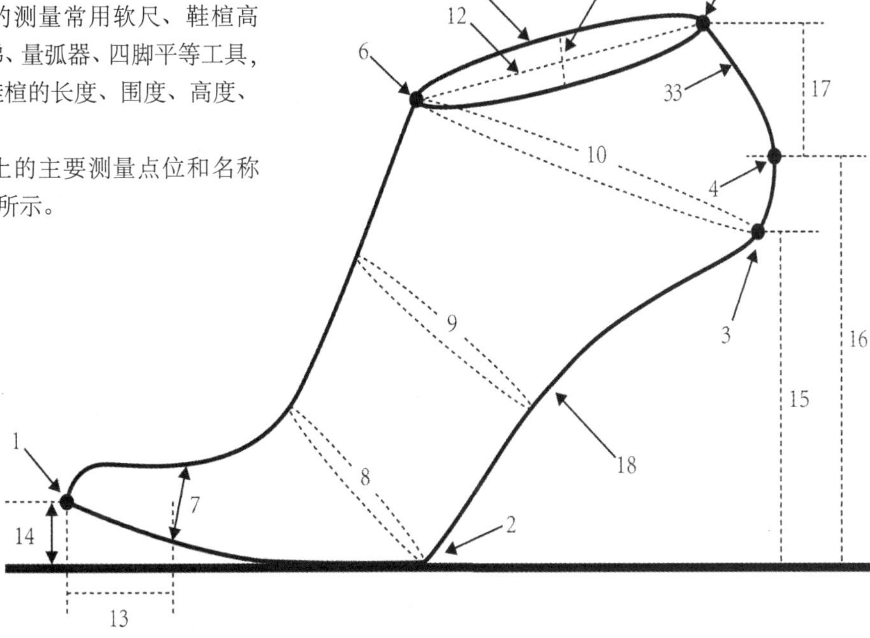

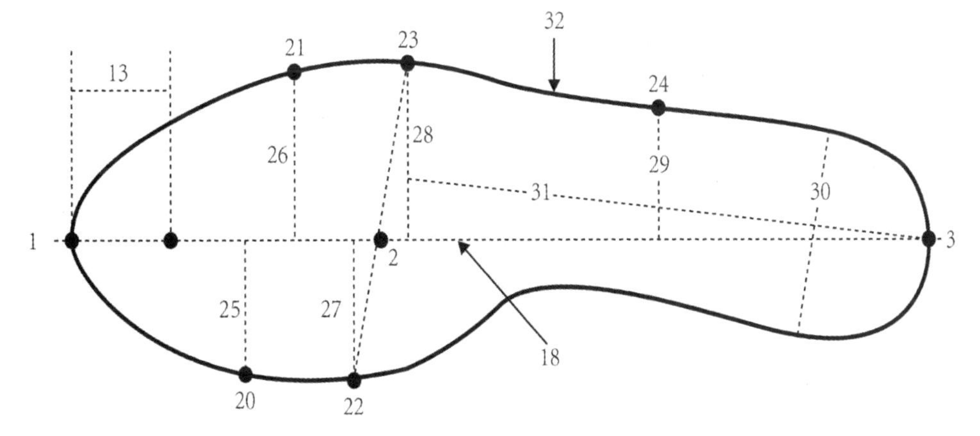

1 楦底前端点
2 底部支撑面（着地点）
3 楦底后端点
4 楦后跟突点
5 统口后端点
6 统口前端点
7 头厚
8 跖围
9 跗围
10 兜跟围
11 楦统口宽
12 楦统口长
13 放余量
14 楦前翘高度
15 楦后翘高度／跟高
16 楦后跟突点和地平面的高度
17 后帮高度
18 楦底中轴线（侧视图）
19 楦统口棱线
20 拇指突点部位
21 小趾突点部位
22 第一跖趾突点
23 第五跖趾突点
24 腰窝点
25 大拇趾内宽
26 小脚趾外宽
27 第一跖趾关节内宽
28 第一跖趾关节外宽
29 外腰宽
30 楦底后踵宽度
31 楦底分踵线
32 楦底轮廓线
33 楦后弧

图 2-2-3 鞋楦主要测量点位和名称

03- 鞋楦的分类

> 按楦体结构分

鞋楦按照楦体结构可分为九种常规类型，如图 2-2-4 ～图 2-2-12 所示。

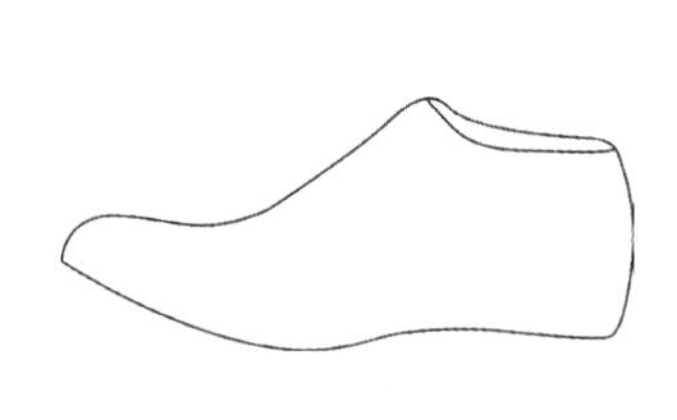

图 2-2-4 整体楦图例

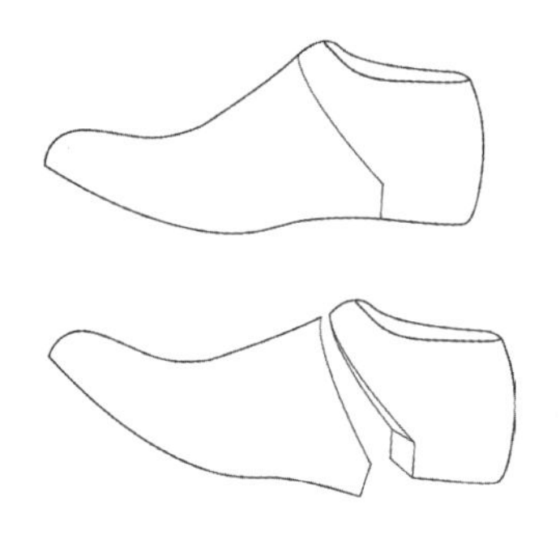

图 2-2-5 两截楦图例

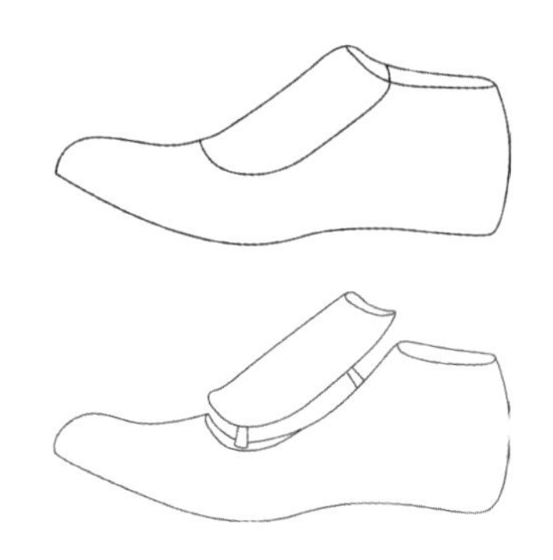

图 2-2-6 开盖楦图例

整体楦

整体楦是一种具有完整形体的、无开合的鞋楦。

> 适用于凉鞋或运动型鞋款等鞋内空间较大、脚可以直接套入的鞋款设计

> 可直接在楦头上进行设计

> 价格较便宜

两截楦

两截楦是一种将楦体分为前后两部分的鞋楦，由楦前身和楦后身组成。

> 常用于满帮鞋和靴子的制作，脱楦时先取出楦后身，使楦的围度减小，然后再脱出楦前身，这样就不会造成口门撕裂

> 可直接在楦头上进行设计

> 价格较便宜

开盖楦

开盖楦是一种自楦统口至楦背斜向剖成上下两部分的鞋楦，由上部分的楦盖和下部分的楦体组成。

> 适用于闭合的鞋款，如靴子或较复杂纤细的鞋款

> 可重复使用约 3 ～ 4 季

> 可直接在楦头上进行设计

> 价格较便宜

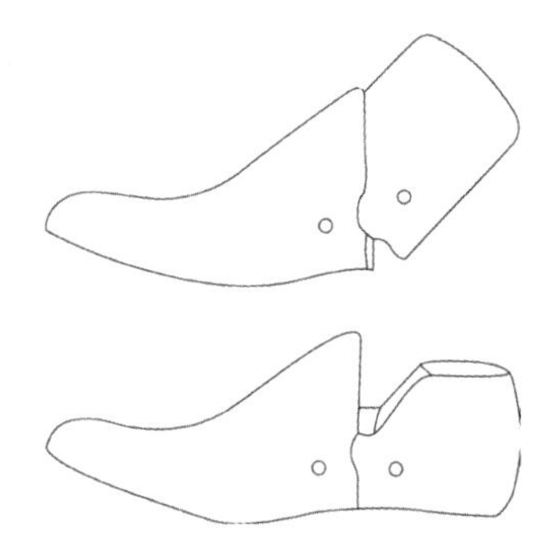

图 2-2-7 V 型弹簧楦图例

图 2-2-8 S 型弹簧楦图例

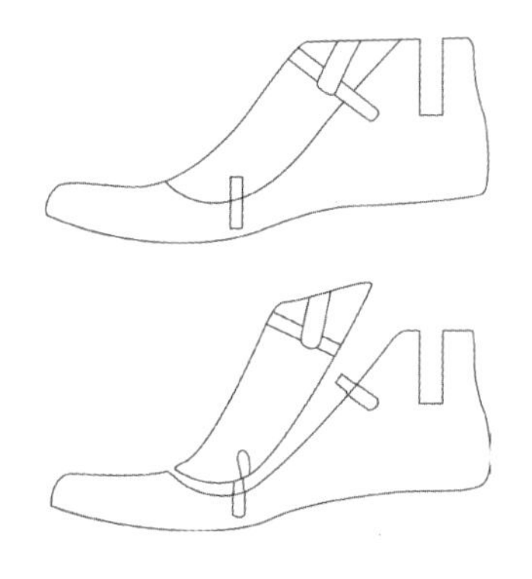

图 2-2-9 楔形弹簧卡榫楦图例

V 型弹簧楦

V 型弹簧楦是用 V 型弹簧铰链将鞋楦分为前后身两个部分的鞋楦。

> 适用于闭合、休闲的鞋款，将楦头取出时需施予较多的压力

> 直接在楦头上进行设计较为困难

> 价格适中

S 型弹簧楦

S 型弹簧楦是用 S 型弹簧铰链将鞋楦分为前后身两个部分的鞋楦。

> 适用于脚背有闭合且较纤细的鞋款，将楦头取出时不需施予较多的压力

> 可直接在楦头上进行设计

> 价格偏高

楔形弹簧卡榫楦

指在脚背处装有楔形卡榫结构的楦头。

> 适用于不太合身的靴子或者筒靴（一脚蹬、无拉链），取出时楦头不易出现伤害鞋子内里的风险

> 价格较便宜

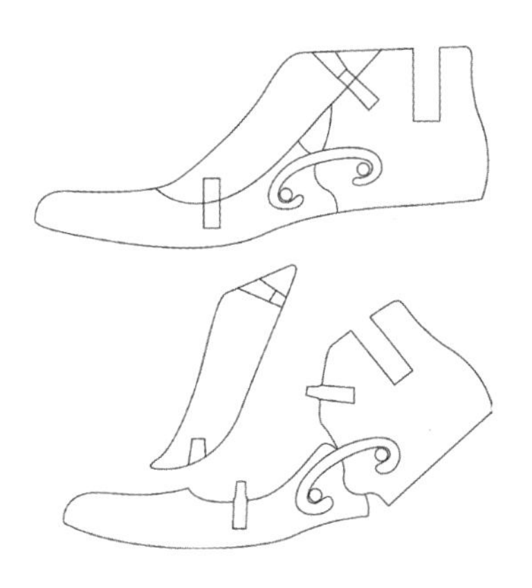

图 2-2-10 双重开合楦图例

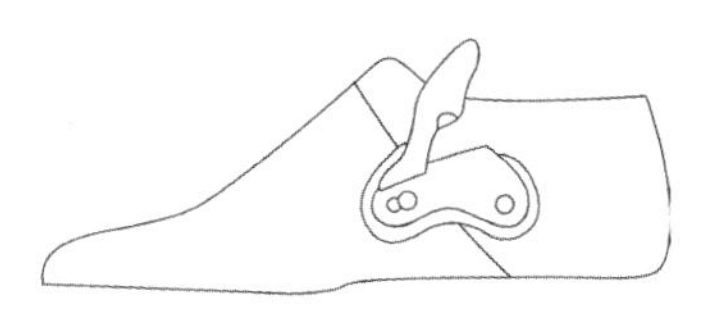

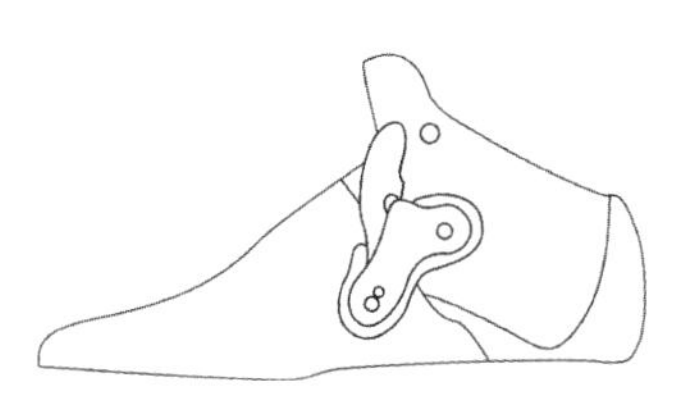

图 2-2-11 美式开合楦图例

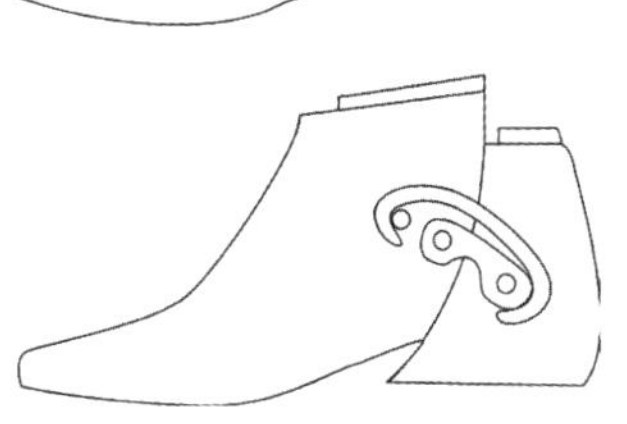

图 2-2-12 反转式开合楦图例

双重开合楦

指脚背、足弓处双重开合的楦头。

> 适用于低跟、高筒靴、合身的靴子等较难将楦头取出的鞋款

> 价格高

美式开合楦

> 适用于闭合式的鞋款，将楦头取出时不需施予较多的压力

> 可直接在楦头上进行设计

> 价格偏低

反转式开合楦

> 适用于闭合式的鞋款，将楦头取出时不需施予较多的压力

> 可直接在楦头上进行设计

> 价格高

楦头造型的变化是鞋楦重要的变化之一，可以从楦头的平面投影和侧面立体造型两方面来分析。

> 按楦头的侧面立体造型分

楦头的立体造型非常丰富，设计师会随着流行及不同风格设计需要开发不同头型的鞋楦，但整体来说，主要可分为以下几种，如图 2-2-13 所示。

图 2-2-13 四种不同头型的鞋楦

扁平头式

曲线走势平顺、自然，多配合尖头造型，适用于流行鞋款的设计

厚头式

a) 下收式：主要用于特殊鞋的设计，如防护鞋，也用于注塑鞋的设计。

b) 齐头式：常与方头型、方圆头型配合，款式比较硬朗，早期多用于男鞋的设计

塌头式

也称为铲式，多用于高档时装鞋的设计

高头式

又称为鹰式、凸式、前奔式和高隆式。早期多用于劳保鞋、安全鞋、军靴的设计，高起的部分用来加装厚包头或钢包头，以保护脚趾。近年也常用于设计少男少女鞋、篮球鞋和网球鞋

> 按楦头平面投影造型分

按楦头平面投影造型基本上可分为圆头型、尖头型、方头型和偏头型四种，如图 2-2-14 所示。

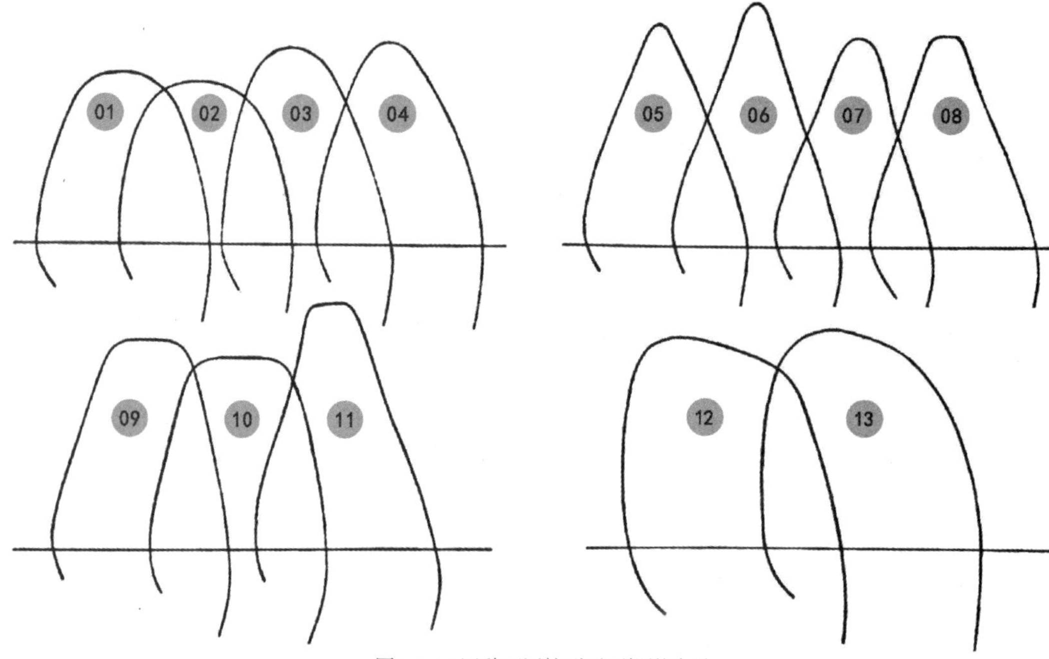

图 2-2-14 四种不同楦形平面投影造型

圆头型

主要包括 01 大圆头、02 中圆头、03 小圆头、04 尖圆头

尖头型

主要包括 05 尖头、06 瘦尖头、07 圆尖头、08 方尖头

方头型

主要包括 09 中方头、10 大方头、11 小方头

偏头型

主要包括 12 方偏头、13 圆偏头

> 按楦跟高度分

楦跟高度是指裸楦的跟高，主要可分为平跟楦、中跟楦和高跟楦三种，如图 2-2-15 所示。

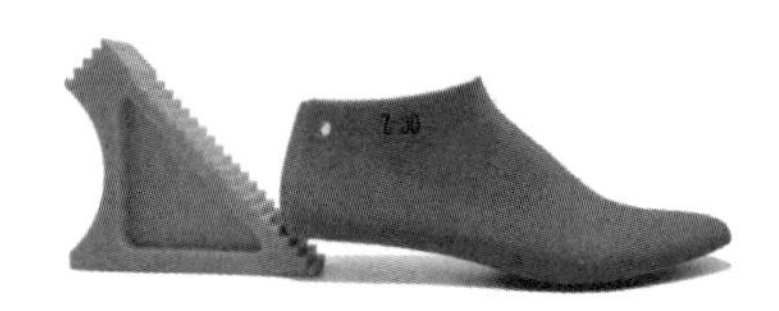
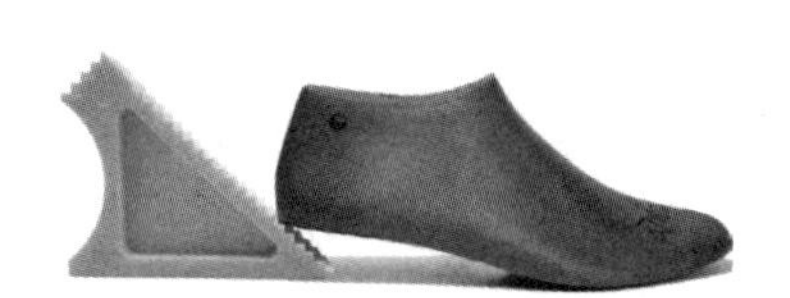

图 2-2-15 三种不同跟高的楦

平跟楦

主要指裸楦的跟高小于等于 25mm 的男鞋楦或裸楦的跟高小于等于 30mm 的女鞋楦

中跟楦

主要指裸楦的跟高介于 25mm40mm 的男鞋楦或裸楦的跟高介于 30mm~55mm 的女鞋楦

高跟楦

主要指裸楦的跟高大于等于 40mm 的男鞋楦或裸楦的跟高大于等于 55mm 的女鞋楦

> 按制楦材料分：

制作鞋楦的传统材料是木材，但现代工业中使用最多是聚乙烯（一种有较好耐候性，可以回收的塑料），同时也有用合金铝材来制作的（如图 2-2-16）。

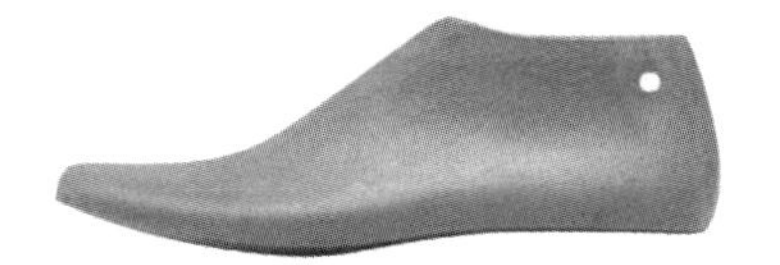
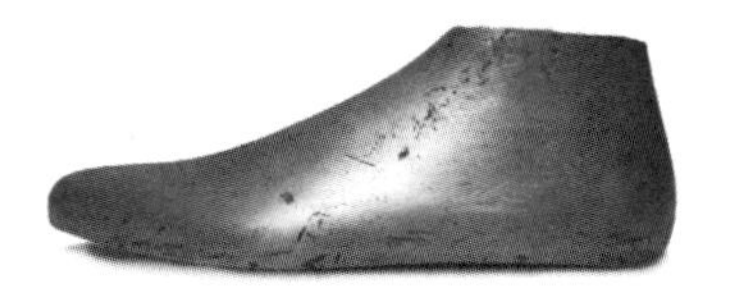

图 2-2-16 三种不同材料的楦

木楦	塑料楦	金属楦
木楦体轻，有较好的衔钉能力，便于手工加工和修改。常用于手工定制鞋类的设计与制作。在欧洲，越是著名的制楦大师越偏好于用木材来制作样楦	耐水、耐气候性好，不易变形，使用寿命长，表面光滑，容易出楦，耐高温性差。常用于流水线生产	金属楦主要是用铝合金材料，具有较高的抗压强度，较好的耐高温性能。常用于注塑鞋、模压鞋、硫化鞋等那些生产过程中需要用到较高温度和压力的鞋款

04- 脚和楦的关系

虽然鞋楦是依照脚型规律进行设计和制作的，但并不是对脚进行机械的重复和模仿，而是建立在科学分析基础上，对脚进行美化和艺术化的处理。

> 人脚各部位对应鞋楦的百分比（国标）

如图 2-2-17 所示，用脚底各部位的百分比来确定楦上的位置。

01 后容差：2%
02 踵心位：18%（着力点）
03 外踝骨中心位：22.5%
04 腰窝点：41%
05 跗骨凸点：55.3%（脚背上的凸点）
06 第五跖趾位：63.5%
07 前掌凸度点：68.8%（着力点，磨损最大）
08 第一跖趾位：72.5%
09 小趾外凸点：78%
（设计时要包住该凸点或者空出 5mm 距离）
10 小趾端点：82.5%
11 拇趾外凸点：90%

> 楦底样长与脚长的关系

楦底样长 = 脚长 + 放余量 – 后容差

reminder

注意：
百分比是从脚后跟最凸点的投影开始算起。
例如：脚长为 230mm，则后容差点投影到脚底的地方是从脚后跟最凸点的投影点往前的 230×2%=4.6mm 处。

百分比起算点
11 10 09 08 07 06 05 04 03 02 01

图 2-2-17 人脚各部位对应鞋楦的百分比（国标）

05- 楦的基本制作过程

楦的加工过程因材质而异，这里主要介绍木楦和塑料楦的基本制作过程。

> 木楦的基本制作过程，如图 2-2-18 所示。

步骤 1
木质原材料准备

步骤 2
线锯把风干的原木切成六个大块形体

步骤 3
按照楦型切割出鞋楦大型

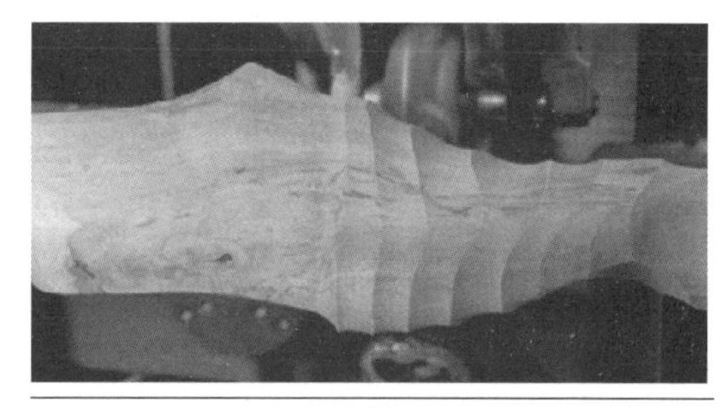

步骤 4
上木工车床进行初加工后进行精加工

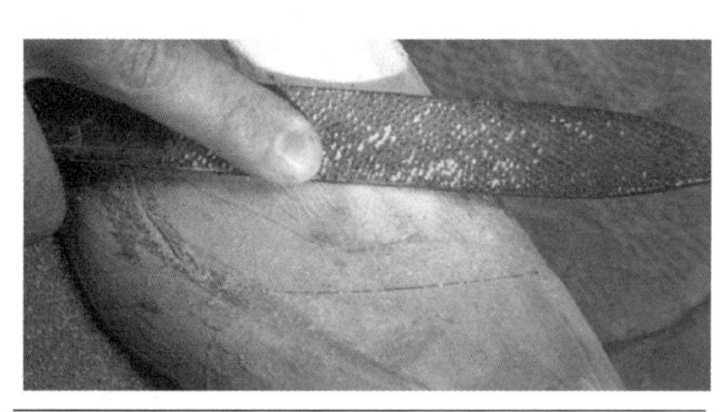

步骤 5
切掉两端的顶口，打磨抛光鞋楦表面

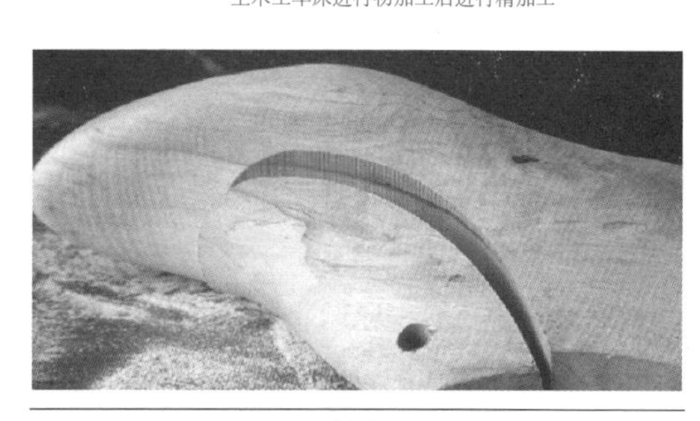

步骤 6
完成鞋楦结构的分割，打上绳孔

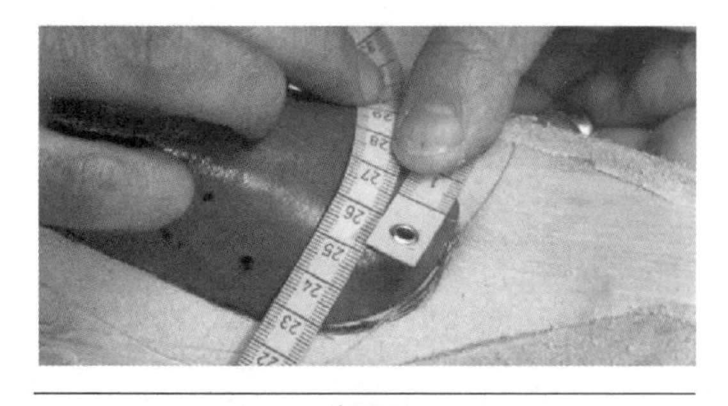

步骤 7
检测各个部位尺寸的比例关系

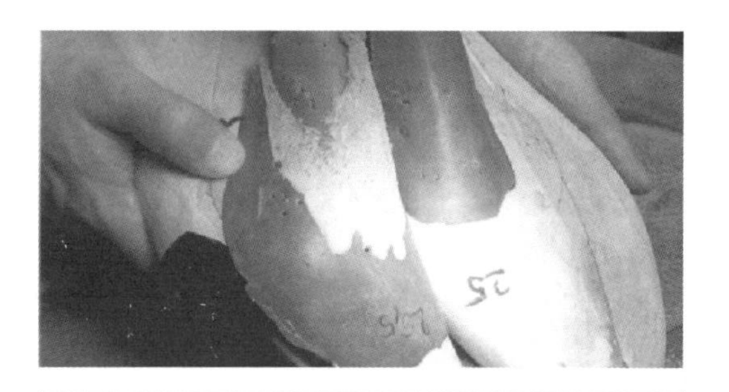

步骤 8
检查左右只的对称性

图 2-2-18 木楦的基本制作过程（图片来源：《手工绅士鞋》）

> 塑料楦的基本制作过程，如图 2-2-19 所示。

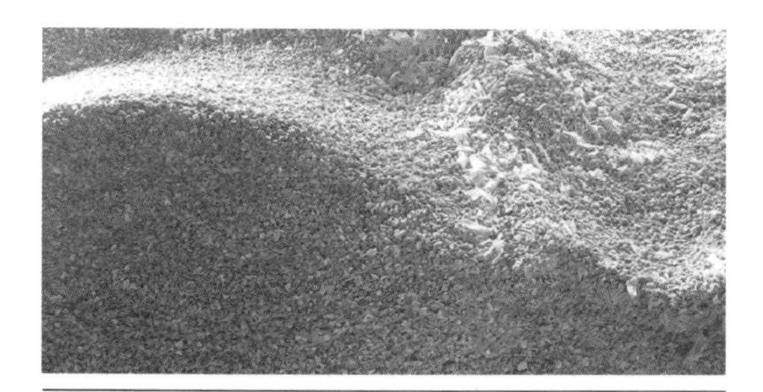

步骤 1

塑料粒子粉碎或准备好新采购的塑料粒子原料

步骤 2

粒子通过注塑机注入模具进行注塑

步骤 3

成型比正常的鞋楦尺寸更大且粗糙的鞋楦毛坯

步骤 4

用三维建模软件完成鞋楦建模

步骤 5

通过机器对鞋楦毛坯进行粗加工

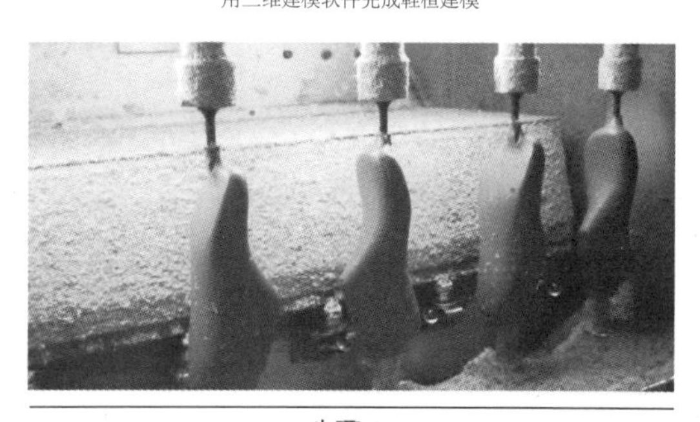

步骤 6

通过机器进行精加工至光滑

步骤 7

切掉两端的顶口并用砂轮机打磨

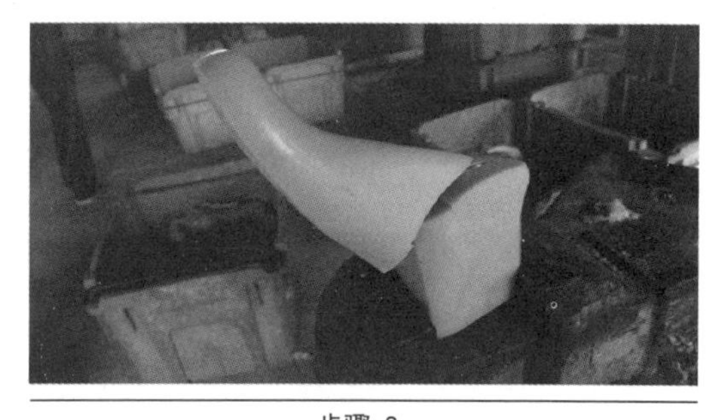

步骤 8

切割并装入弹簧即可形成最终的鞋楦

图 2-2-19 塑料楦的基本制作过程（图片来源：艺泉鞋楦厂）

第三节 鞋号

鞋号是鞋子大小与肥瘦的一种标识，用长度号标示鞋子的长度，用肥瘦度来表示鞋子的肥度，但是大部分消费者往往了解标示长度的鞋号，而忽略了肥瘦度的鞋号。鞋号是根据脚型的规律来制定的，不同的国家和地区因脚型特点不同，都有自己制定的鞋号，我们需要通过学习了解常规鞋号标识特点及基本转化关系。

01- 中国鞋号

中国鞋号是以脚长的毫米制为基础。以中国鞋号 230（1.5）、240（2.0）为例，其中括号前面的数值 230 和 240 代表中国鞋号的长度号，括号里面的数值 1.5 和 2.0 代表中国鞋号的肥度号。

中国鞋号的长度号都是 5 或者 10 的倍数，因为按照国家标准相邻鞋号间的长度差值是 10mm，所以每个长度号差 ±10mm，每半个号差 ±5mm。

实际脚长等于中国鞋号的长度号，即脚长是多少毫米就穿多少鞋号的鞋。但是如果实际脚长不是 5 或者 10 的倍数，就需要先按照四舍五入的原则找到相近的鞋号。

例如：某人脚长为 250mm，对应就应该穿着鞋号是 250 的鞋子；某人脚长为 247.5mm，对应就应该穿着鞋号是 250 的鞋子。

中国鞋号中的肥度号表示鞋、楦和脚的肥瘦程度。它是以脚跖围长度为基准制定的。一般用"型"为单位来进行标注，所以中国鞋号的肥瘦度从最瘦的 0.5 型～比较胖的 5 型，基本上可以满足大多数人对于肥瘦度的要求，数字越小，表示越瘦。

型差，是指在同一长度号中，相邻两型之间跖围长度的差值。在中国鞋号中规定，整型差为 ±7mm，半型差为 ±3.5mm。

围差和型差相比较，虽然它们的等差值相同，但是它们的含义不同，围差是"型同号不同"，型差的是"号同型不同"，型差主要用于楦型的设计，围差的用途更加广泛，在楦型设计、帮面设计、底样设计、样板缩放中都要用到。

> 长度和围度的关系

每增加长度 1 个号（10mm），围度也增加 1 个型（7mm），则肥瘦度不变（型号不变）。

每增加长度 1 个号（10mm），围度不变，则肥瘦度会瘦（型号会小）。

02- 英国鞋号

英国鞋号也称为英国码，也是世界上广泛应用的鞋号之一，通用于英国本土以及澳大利亚、南非等英联邦国家，记作 UK。

英国鞋号采用的是楦底样长的英寸制，在 1in（英寸）长度内安排 3 个整鞋号，两个整号之间还安排有半号。

03- 法国鞋号

法国鞋号也称作法国码，是世界上广泛应用的鞋号之一，例如意大利、德国、西班牙等国家也采用法国码，记作 EU。因为法国码普遍应用于欧洲大陆，现在使用的欧码（ERU），也是法国码。

04- 美国鞋号

美国鞋号是从英国鞋号套用过来的，记作 US。美国鞋号利用英国鞋号现成的号差、型差和围差，再安排出自己的鞋号系列。鞋号范围也是从儿童的 1 ～ 13 号顺延出成人的 1 ～ 13 号，号差值、型差值、围差值同英国鞋号。

美国鞋号分为波士顿鞋号、标准鞋号和惯用鞋号，他们的号差值、型差值、围差值都一致，但是起始长度不一样。

一般在鞋内标签上都有不同国家鞋号的标注，如图 2-3-1 所示。

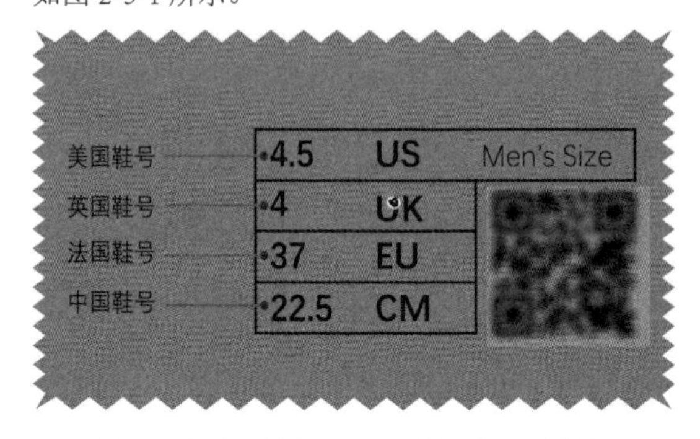

图 2-3-1 鞋内标签上不同国家鞋号的标注图例

05- 各国鞋号间的综合比较

各国鞋号都是由长度号和肥瘦度组成，但长度号的参考依据、表述方式和号差都不一样，肥瘦度的表述方式、型差和围差也不一样，所以汇总后的各个国家鞋号之间的差异总结，如图 2-3-2 所示。

	长度号			肥瘦度		
鞋号名称	参考依据	表述方式	号差	表述方式	型差	围差
中国鞋号	脚长	90～305mm	整号差是±10mm，半号差是±5mm	0.5 型～5 型	整型差为±7mm，半型差为±3.5mm	
英国鞋号	楦底样长	儿童 1～13 号 成人 1～13 号	整号差为±1/3 英寸（约 8.46mm），半号差为±1/6 英寸（约 4.23mm）	A\B\C\D\E\F\G 型	±1/4 英寸（约 6.35mm）	
法国鞋号	楦底样长	15～48 号	整号差为 20/3=±6.67mm	A\B\C\D\E\F\G\H 型	±4.5mm	
美国鞋号	英国鞋号	1～13 号	整号差为±1/3 英寸（约 8.46mm），半号差为±1/6 英寸（约 4.23mm）	A\B\C\D\E\F\G 型	±1/4 英寸（约 6.35mm）	

图 2-3-2 各国鞋号对比分析图

06- 各国鞋号间的换算

随着国际贸易的发展，不同国家鞋号之间的换算也显得尤为重要。但不同国家鞋号之间由于制定的基础不同、计量单位不同、号差不同，所以没有完全一一对应的换算关系，只能进行“相当于”的近似换算。

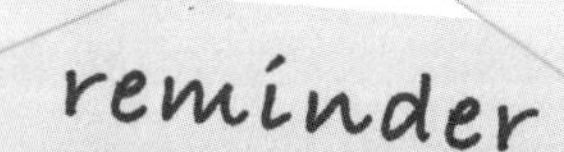

注意：
在鞋内底长一般可用尖头铜皮卷尺深入鞋内腔测量。
观察不同国家鞋号的刻度卷尺可以发现，法码 36 码时，各个国家的鞋号尺寸最接近。

> 换算的基本原则

鞋号间的换算是以楦底样长为媒介来进行的，也就是在楦底样长度近似相同时，可看作鞋号也相同，但是楦底样的长度变化比较多，常用典型的楦底样长度为换算标准，所以换算时首先确定楦底样长（约等于鞋内底长，或小 0.5 ～ 1mm），再相互转换。

> 常用男鞋号之间的换算表格（如图 2-3-3）（楦底样长单位：mm）

中国鞋号		英国鞋号		法国鞋号		美国鞋号	
鞋号	楦底样长	鞋号	楦底样长	鞋号	楦底样长	鞋号	楦底样长
245	260	5 1/2	258	39	260	6	260
		6	263			6 1/2	265
250	265	6 1/2	267	40	267	7	269
255	270	7	271	41	273	7 1/2	273
260	275	7 1/2	275			8	277
265	280	8	279	42	280	8 1/2	281
270	285	8 1/2	284	43	287	9	286

图 2-3-3 常用男鞋号之间的换算表格

> 常用女鞋号之间的换算表格（如图 2-3-4）（楦底样长单位：mm）

中国鞋号		英国鞋号		法国鞋号		美国鞋号	
鞋号	楦底样长	鞋号	楦底样长	鞋号	楦底样长	鞋号	楦底样长
225	237	3	238			4 1/2	236
230	242	3 1/2	242	36	240	5	240
235	247	4	247	37	247	5 1/2	245
240	252	4 1/2	251			6	249
		5	255	38	253	6 1/2	253
245	257	5 1/2	259	39	260	7	257
250	262	6	244	40	267	7 1/2	262

图 2-3-4 常用女鞋号之间的换算表格

第四节 鞋履的基本款式

鞋履长期的历史沉淀，因其鞋头形状、鞋底形状、鞋跟形状、鞋帮面形状的不同已形成一系列从廓形上看有固定称呼的鞋履名称，包括牛津鞋、德比鞋、船鞋、靴子、切尔西靴等，如图 2-4-1 所示供读者参考。但是在当今鞋履设计界，款式日新月异，也会有很多新的廓形出现。

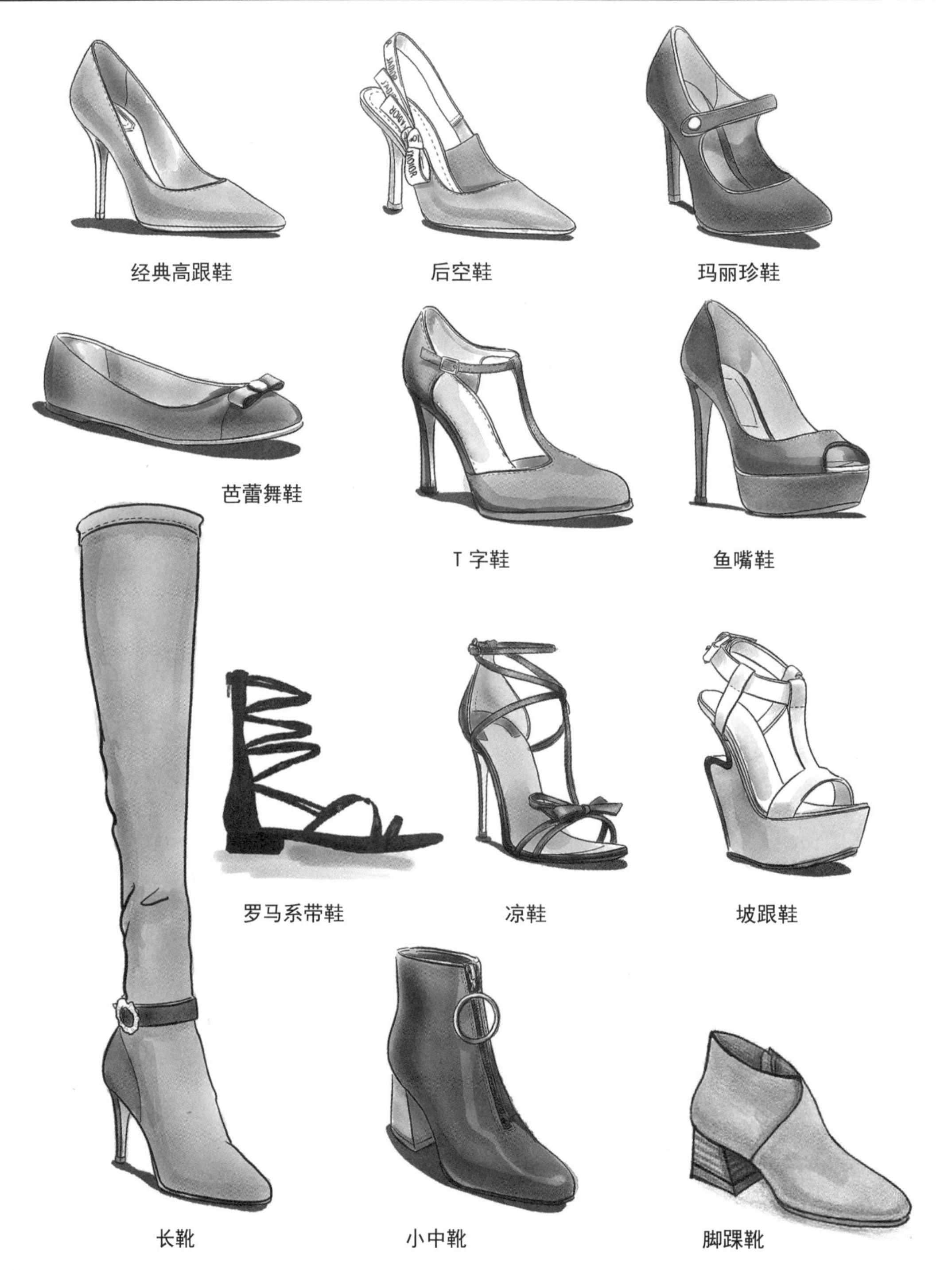

图 2-4-1 鞋履的基本款式图例

第五节 鞋履的构造和组成

相对于脚而言，鞋履的组成部件明显要少得多，但是每个部件在鞋履中都有很重要的作用，所以作为设计师必须要了解鞋履的基本构造以及各个部位的名称、含义和作用。

如图 2-5-1 至图 2-5-3 所示，以图例标注的形式展现布洛克鞋、坡跟凉鞋、运动鞋的构造与组成，并通过文字列举了一些最重要部位的含义和作用。

> 鞋面

鞋面是鞋底以上的所有部分的全称。一般是由缝合在一起的裁片组成。

> 衬里

衬里是在鞋面底下，和脚直接接触的那部分。

> 包头

包头是隐藏在鞋头，夹在鞋面和衬里之间保持鞋头造型的一种半刚性热塑性材料。常用的包头材料称为港宝，优质的鞋也有采用皮革内包头的，稍差一点的鞋会采用热塑性衬布等。

> 主跟

主跟是隐藏在鞋后跟处，夹在鞋面和衬里之间用来保持杯状鞋跟部位形状的半刚性热塑性材料，也称作后主跟或后港宝。

> 中底

中底也叫鞋内底，它主要功能是为脚提供支撑，通常由灰板、勾心等构成。勾心是嵌于中底里面，在脚后跟与球状拇指间起支撑作用的钢片，一般是 65 号锰钢，也可以选用尼龙、木材甚至皮革等材料。

> 贴托

又称内底垫，是包住或盖住中底，直接和足底接触的表面，由一片皮革或织物构成，商标一般会印在上面。

> 大底

大底是鞋底部与地面接触的部分。

> 鞋跟

鞋跟是由硬质材料提供的加高支撑，位于脚后部下方，固定在鞋底上，通常用硬质塑料包皮革制成。

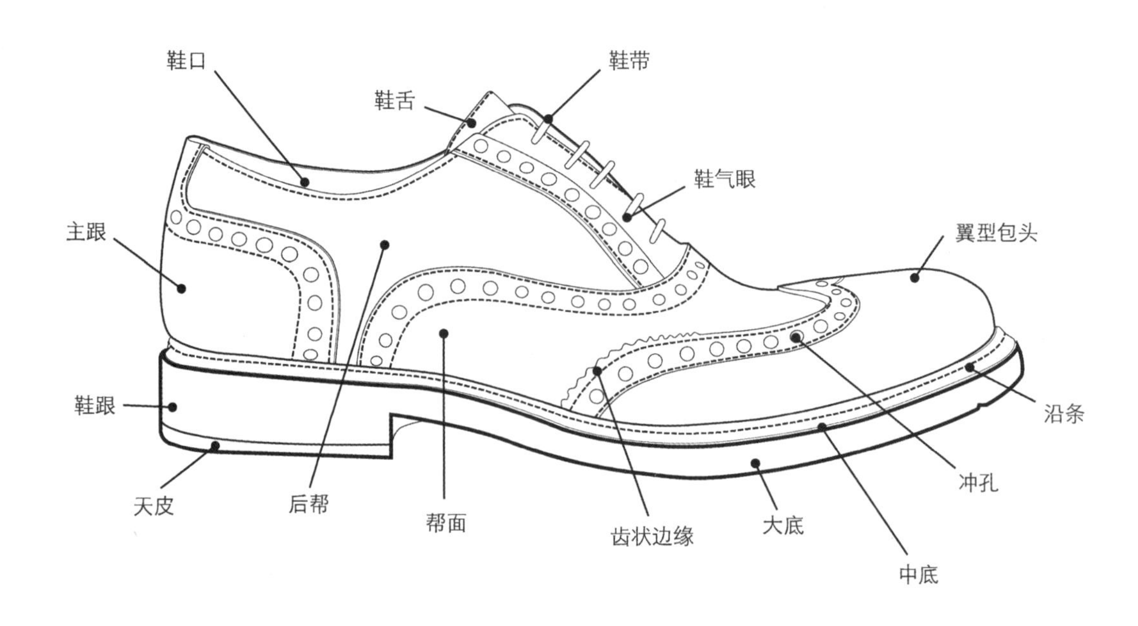

图 2-5-1 布洛克鞋各个部位的名称图例

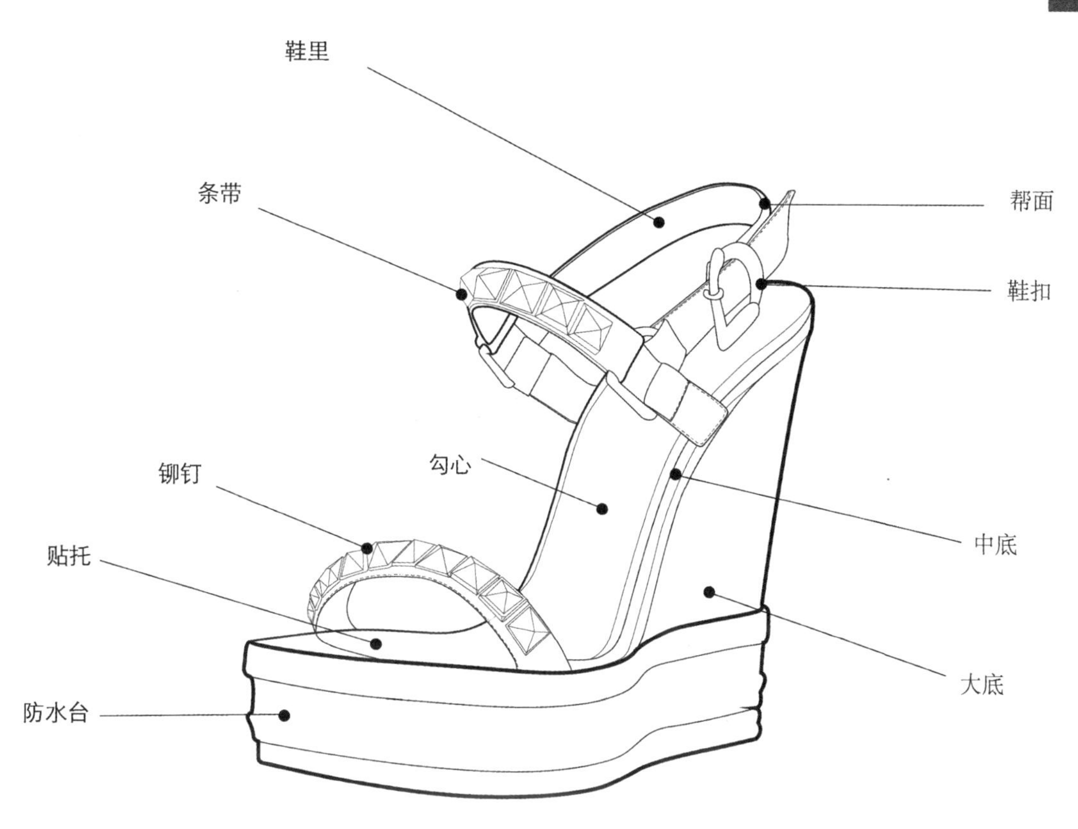

图 2-5-2 坡跟凉鞋各个部位的名称图例

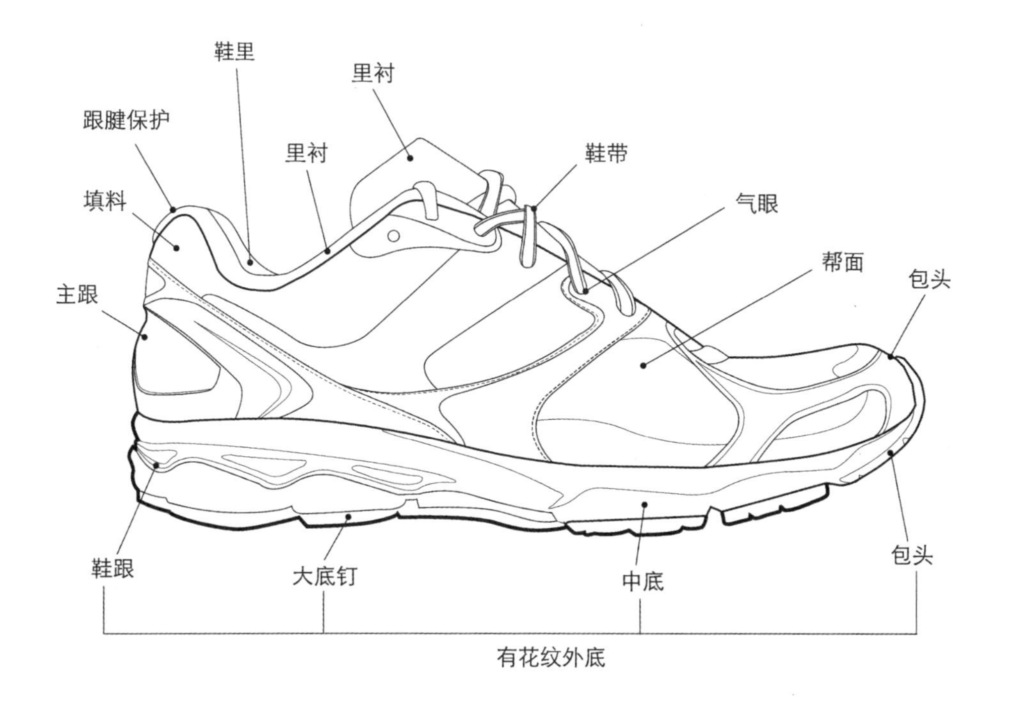

图 2-5-3 运动鞋各个部位的名称图例

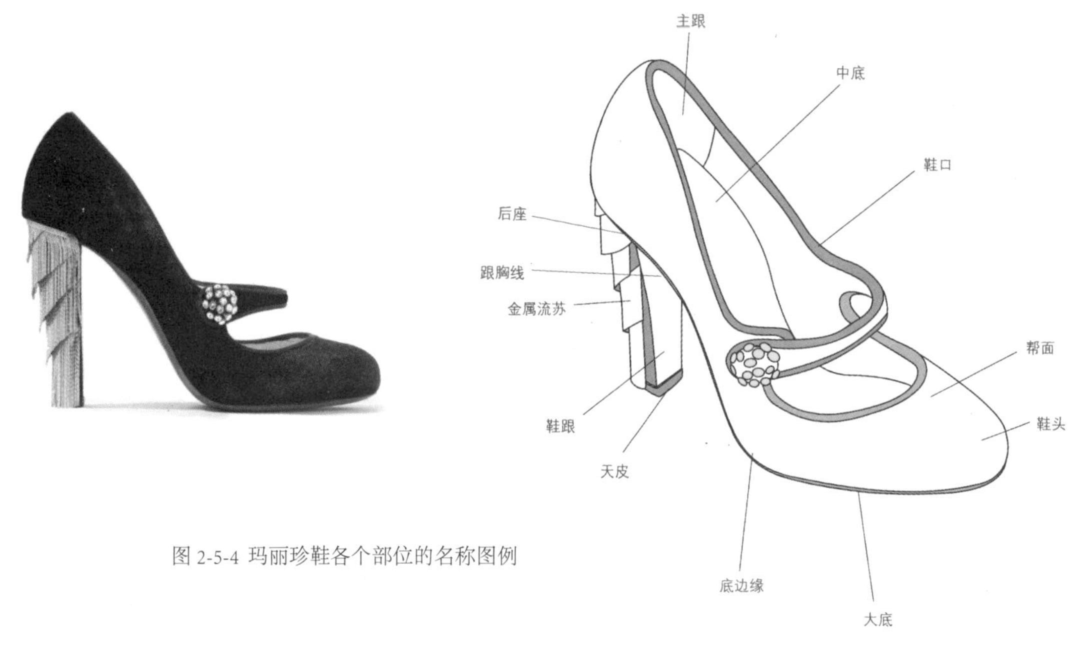

图 2-5-4 玛丽珍鞋各个部位的名称图例

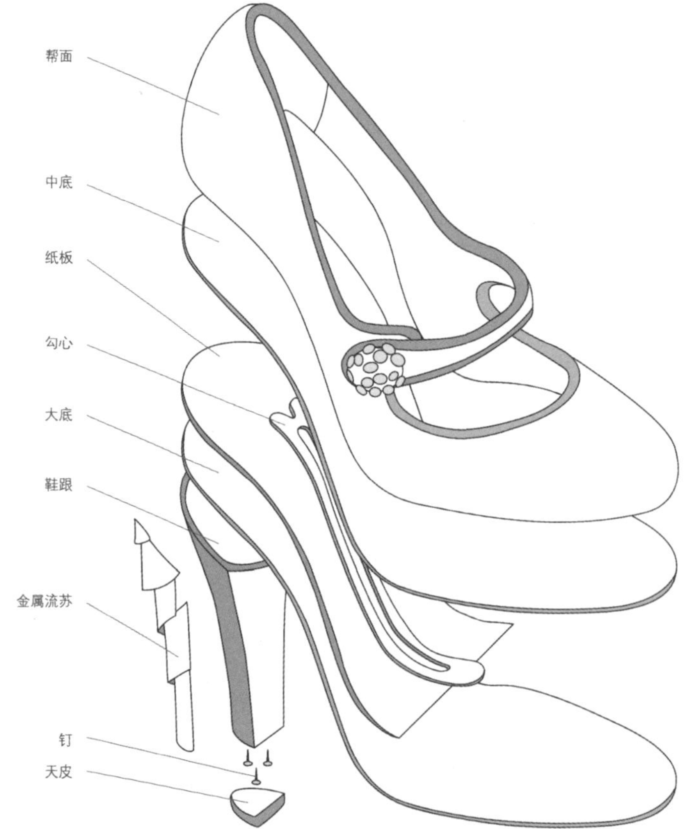

图 2-5-5 玛丽珍鞋构造爆炸图

为了让大家更加清晰地了解鞋履的构成，本页挑选了一款经典玛丽珍女鞋以实物图片、轴侧部件标注、结构爆炸图等形式展现各个部位的名称，如图 2-5-4 ～图 2-5-5 所示。

本页再通过一款经典布洛克男鞋以实物图片、轴侧部件标注、结构爆炸图等形式展现各个部位的名称，如图 2-5-6 ～图 2-5-7 所示。

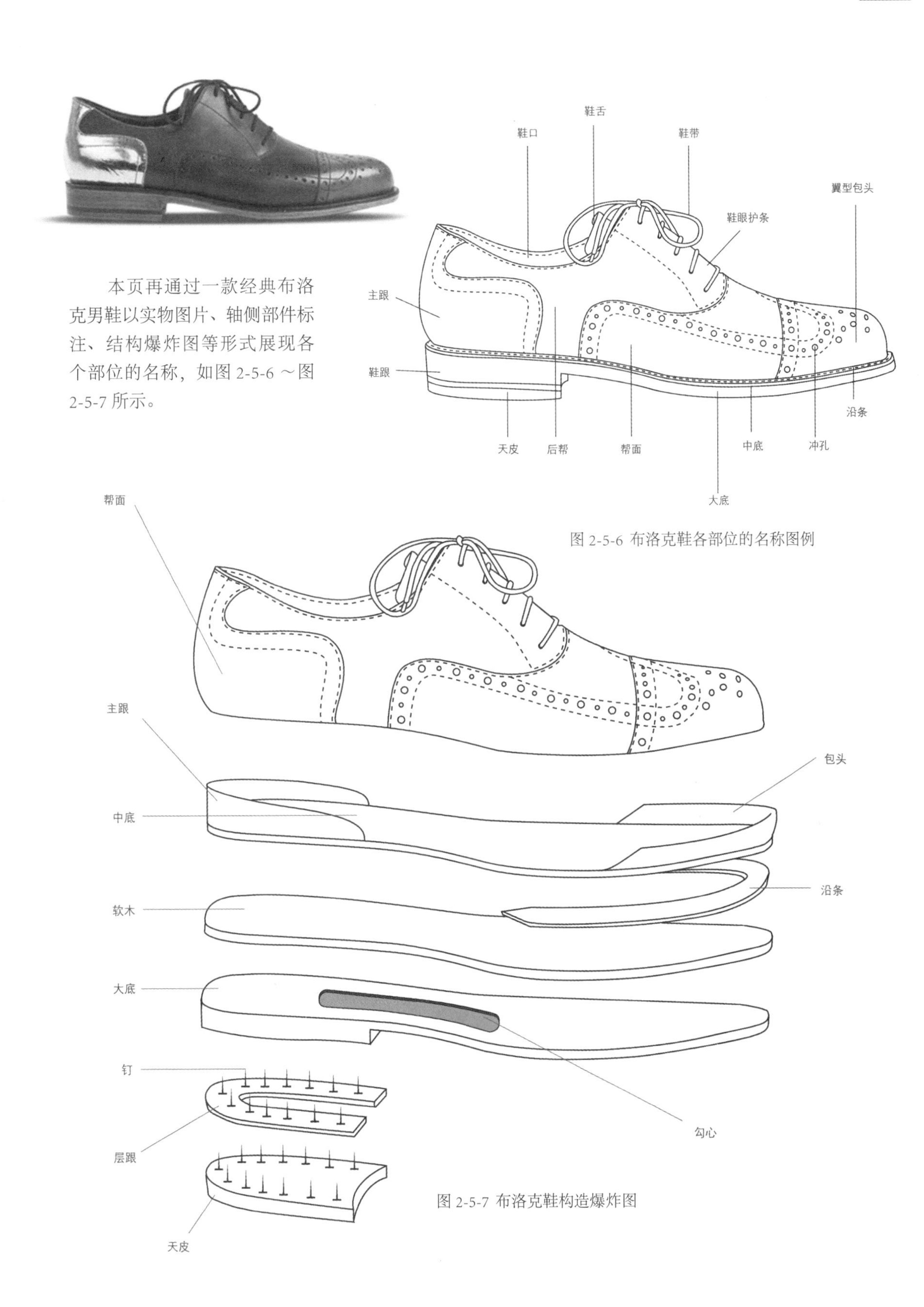

图 2-5-6 布洛克鞋各部位的名称图例

图 2-5-7 布洛克鞋构造爆炸图

第六节 鞋样设计

鞋样设计又称“开版”，是鞋履三维表面实际尺寸的二维图形，用于按照鞋分片样式剪裁鞋面材料。鞋样设计对尺寸要求非常精确，1mm 的版型偏差会对鞋的合脚性和舒适性造成很大影响。实际开发过程中设计师会参与到此过程，但是大多由版师来主要完成。

01- 手工鞋样设计

通过在鞋楦上贴上美纹纸，然后将鞋款绘制在美纹纸上，最后从鞋楦上把鞋样纸剥离下来、展平成鞋样，如图 2-6-1 ~图 2-6-6 所示。

手工鞋样设计基本流程：

①把美纹纸按照一定规律贴在鞋楦；

②在贴好美纹纸的鞋楦上绘制鞋款样式；

③按照规律从鞋楦上剥离美纹纸、展平；

④按照展平规律进行数据处理与美化。

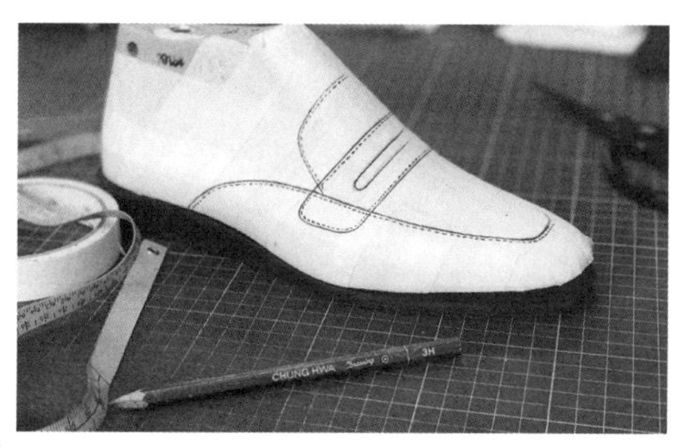

图 2-6-1 美纹纸贴楦绘制鞋款

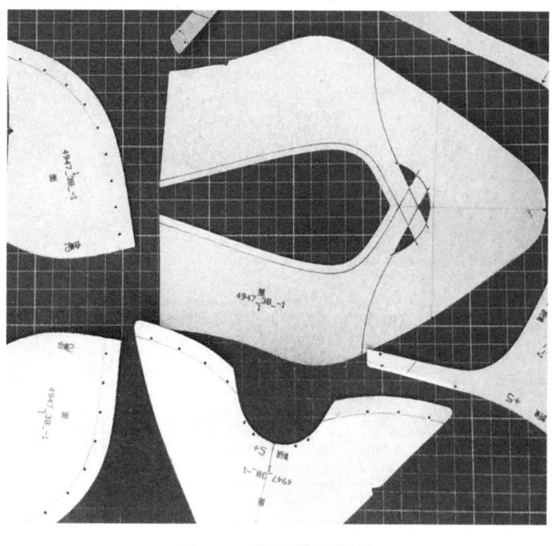

图 2-6-2 手工鞋样设计

02- 电脑软件鞋样设计

电脑软件鞋样设计是利用虚拟的电子三维鞋楦进行设计，不用贴美纹纸，从画线到最后集放都在电脑里完成，如图 2-6-3。

Shoemaster 是鞋业界领先的 CAD/CAM 系统，提供全系列 2D 和 3D 设计，该软件既可以单独使用也可以整合于整套解决方案的程序模块。

Shoemaster Creative 鞋样设计软件工作流程：读取电子鞋楦、进行三维造型设计、大底跟型设计、材质套用、颜色搭配进而完成鞋子拟真。

reminder

注意：

随着鞋样的不断升级，电脑开版，直接生成展开图和效果图已成为趋势，很多公司都在研发新的开版设计工具。

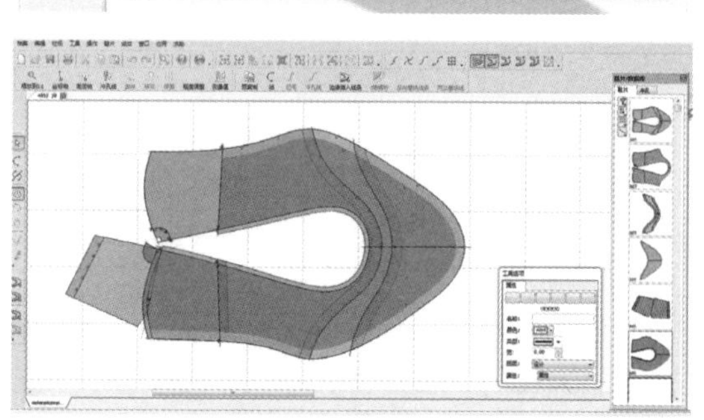

图 2-6-3 电脑软件鞋样设计

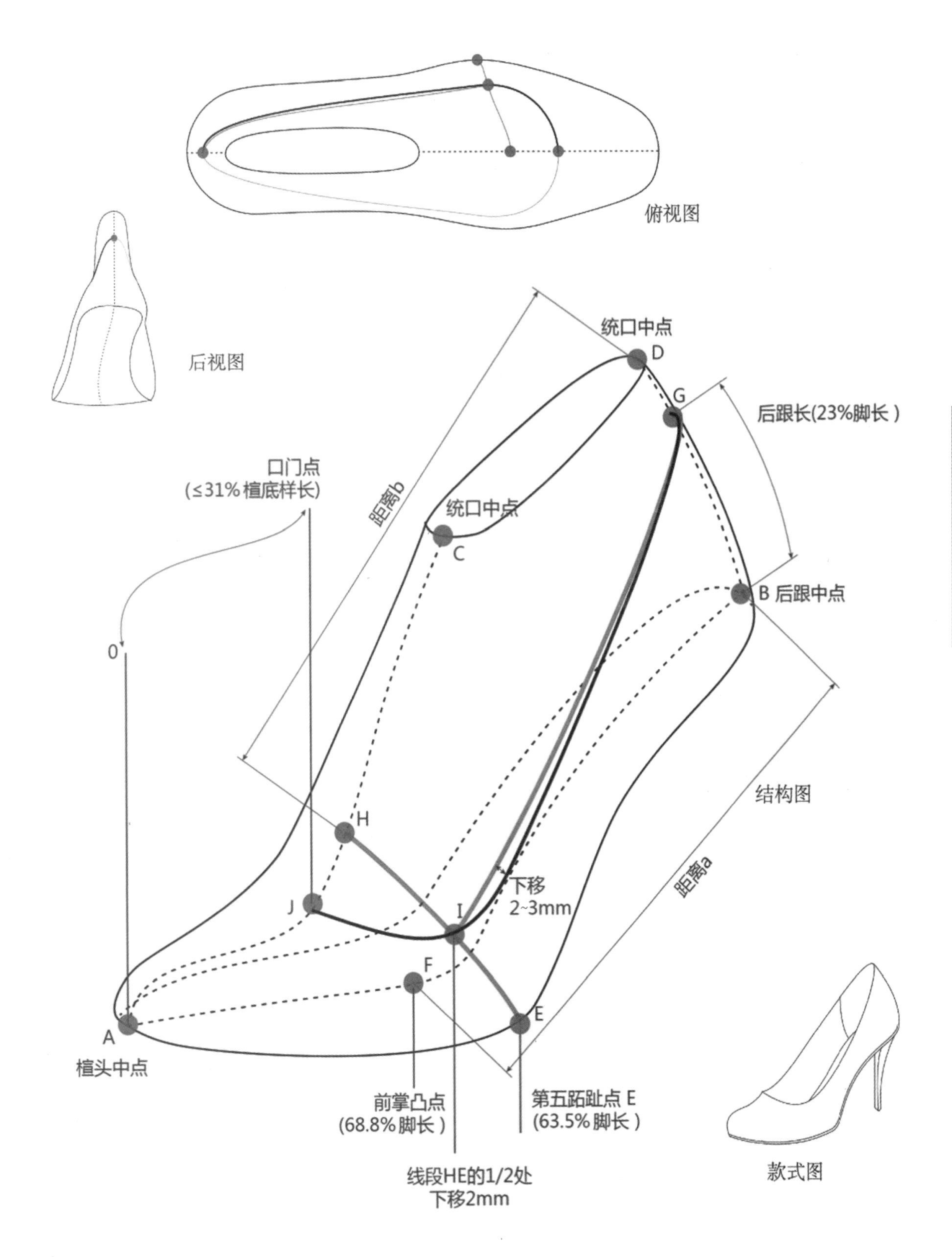

图 2-6-4 女单鞋鞋样设计数据分析（作者：王瑜婷）

①

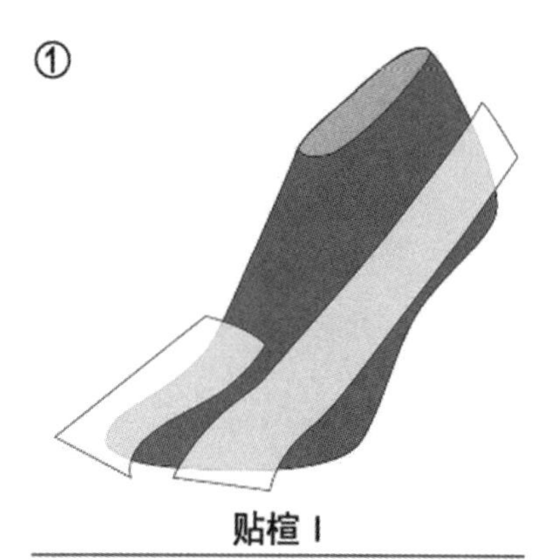

贴楦 I

顺楦体的前后方向贴两条美纹纸胶带固定。一条位于楦体背中线上，另一条位于外楦侧。

②

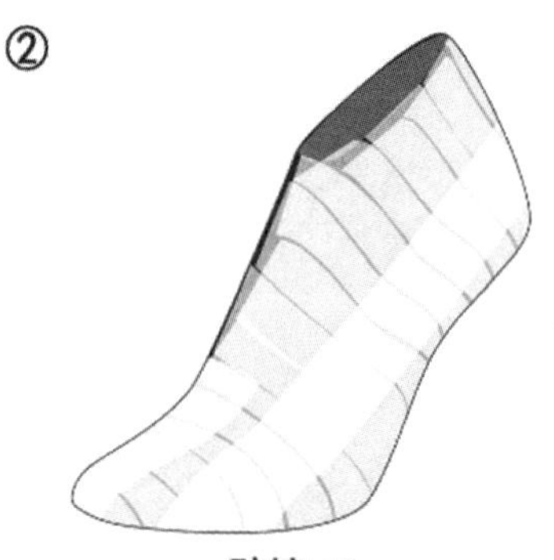

贴楦 II

> 顺楦体，从前往后横向贴美纹胶带。每后一层胶带需压叠前层胶带一半以上，保证楦体上没有单层出现。

> 用美工刀沿楦底边缘线，将楦底多余的美纹纸刻除。

⑤

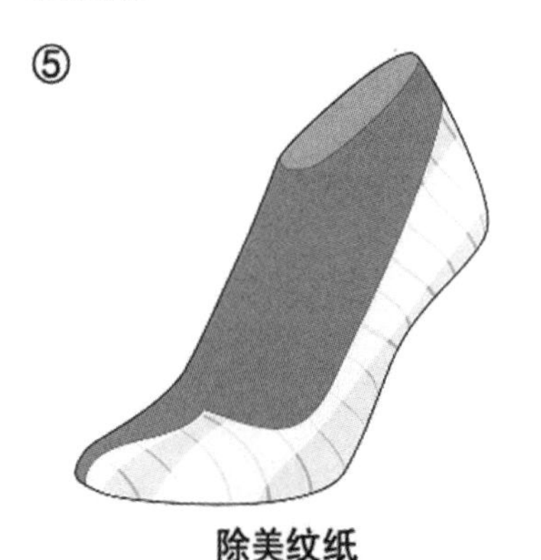

除美纹纸

用美工刀沿背中线、款式轮廓线、后跟中线进行切割，将多余美纹纸刻除。

揭纸展平

> 将楦面上的美纹纸从楦头尖开始往后轻轻揭下，切忌撕破变形。

> 取一张卡纸，画上中心线，将撕下的美纹纸对齐中心线，自然展平。遇到翘度大无法展平的地方用剪刀剪开后再展平。

③

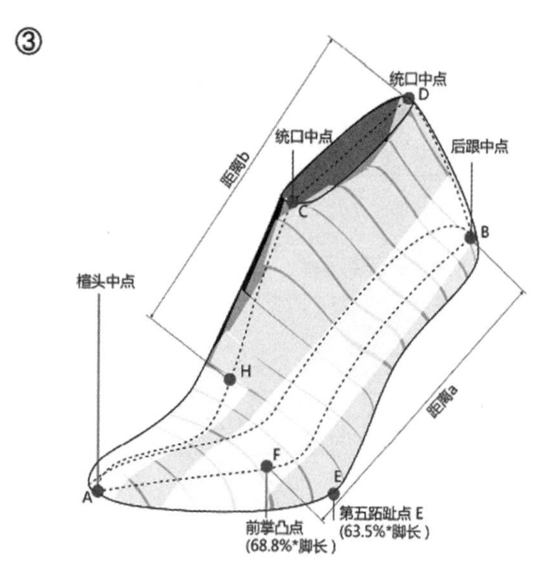

取楦点

> 楦体上找到 A、B、C、D 四个中点，依次连接它们。
得出：背中线 AC，后弧线 BD，楦底轴线 AB，楦统口中心线 CD。

> 楦底轴线上标出前掌凸点 F，用圆规取 BF 的直线距离，位移到 AD 线上，画出 H 点。

> 楦体上标出第五跖趾点 E。

④

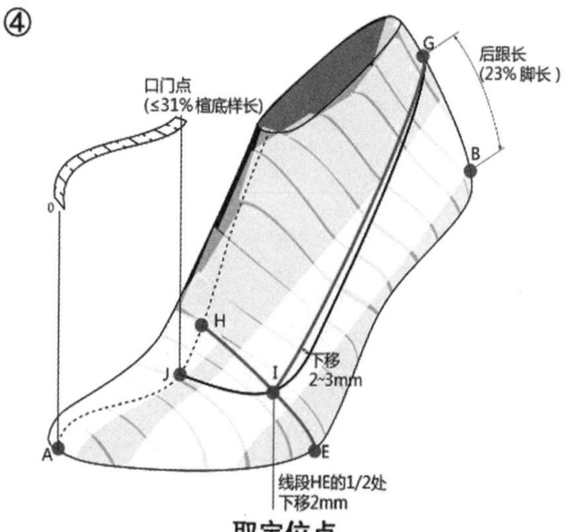

取定位点

> 口门长度定位点 I，口门点≤ 31% 楦底样长

> 口门宽度定位点 J，位于 HE 的 1/2 下移 2mm 处。

> 后跟高点 G，后跟长为 23% 脚长。

浅口鞋款式，连接 J、I、G 三点时注意：线条流畅连贯，弧线 JI 与 AC 角度趋于垂直，弧线 IG 在直线 IG 下 2~3mm 处。

⑥

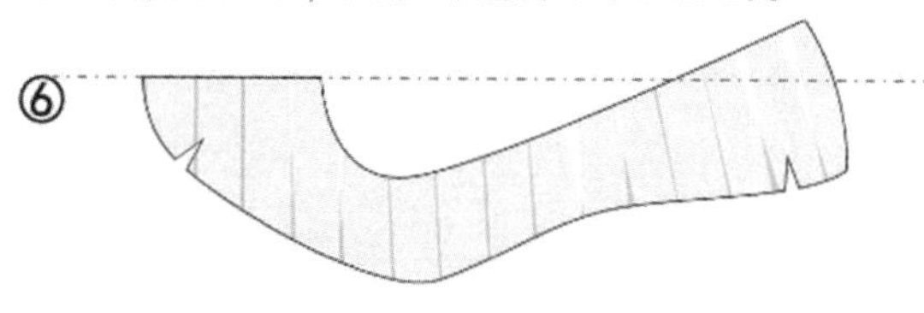

图 2-6-5 女单鞋鞋样设计贴楦、取定位点（作者：王瑜婷）

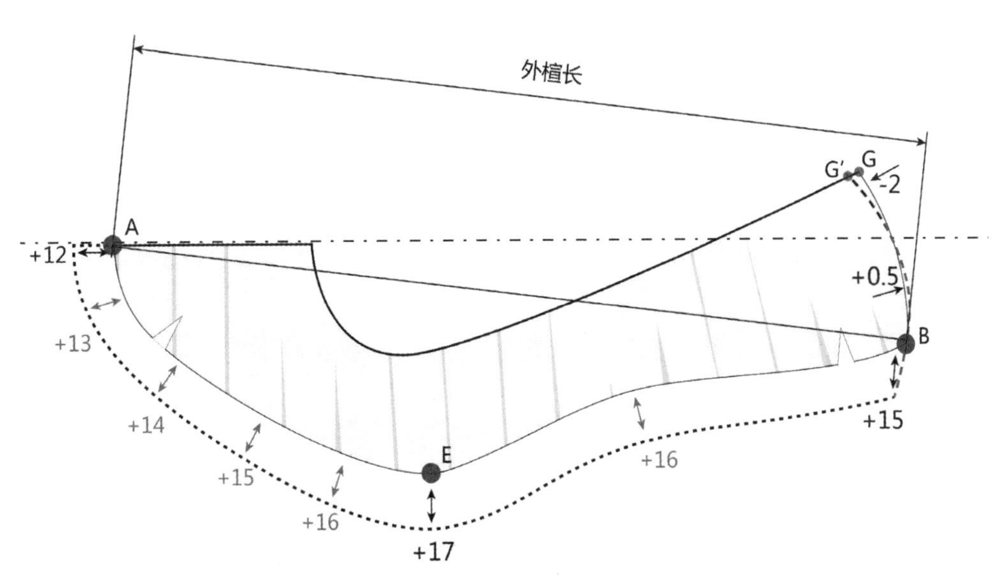

① 外楦长

> 测量楦体外楦 AB 长度；
> 测量美纹纸外楦 AB 长度；
> 调整 B 点位置，使美纹纸上的外楦长保持与楦体长度一致；1~2mm 误差属正常，收掉多余的量。

② 后跟线调整

> 后跟上口 G 点 -2mm；
> 后跟最凸点 +0.5mm；
> 顺畅连接起来。

③ 加帮脚

> （前尖）A 点 +12mm；
> E 点 +17mm；
> B 点 +15mm；
> 顺畅连接起来。

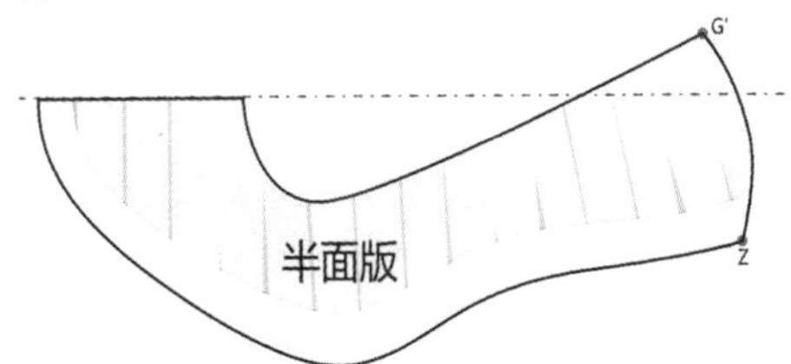

④ 外怀半面版完成

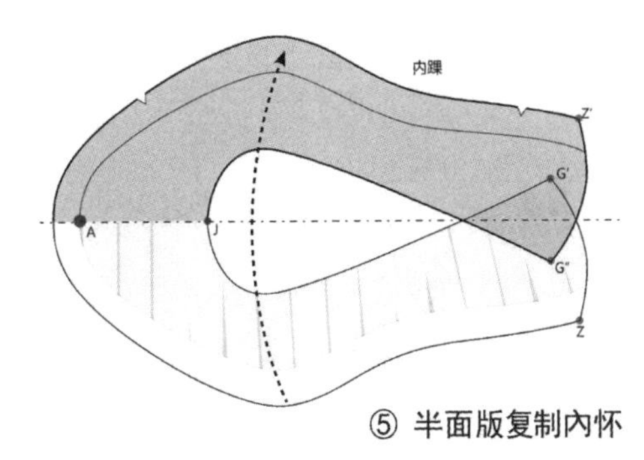

⑤ 半面版复制内怀

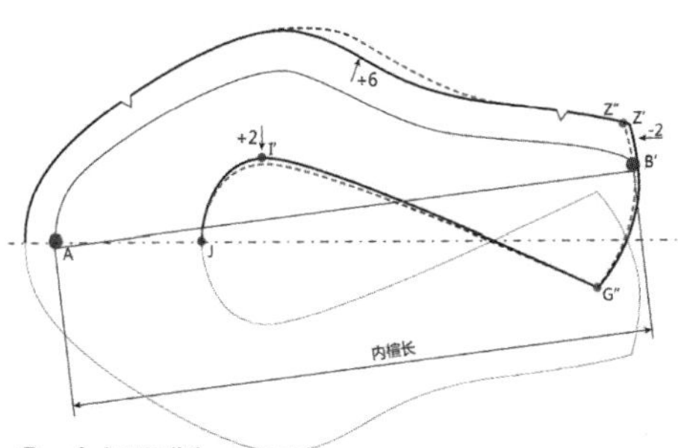

⑥ 内怀面版

> Z" 点：经测量，内楦比外楦长少 2mm；
> 连接 G"Z"，保证内外踝的后跟弧度相同，多余的切除；
> 内腰窝部位 +6mm；
> I′ 点：内腰鞋口比外腰高 2mm。

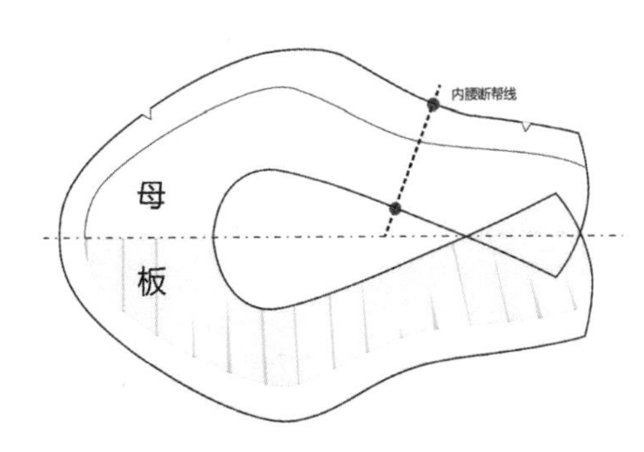

⑦ 内怀最窄处断帮，节省材料，解决母板重叠

图 2-6-6 女单鞋鞋样设计展平美纹纸，数据调整（作者：王瑜婷）

第七节 制鞋材料

制鞋材料是鞋履制作的物质基础，也是鞋履形、色、质的承载体，是鞋履设计必不可少的素材，我们需要进一步了解鞋履的材料及其趋势，才能更好地展开鞋履的设计。

01- 鞋面材料

> 皮革

鞋履设计中最主要的也是最普遍使用的材料就是皮革。

皮革之所以是理想的制鞋用材是因为它具有耐用、柔韧和透气的特点。在用于制鞋前，生皮（也称作毛皮）为防腐等必须经过鞣制而形成熟皮。作为一种行当，鞣制皮革已有数千年的历史，并且依然是鞋履业和皮革业的重要部分。

最常见的天然皮革就是牛皮、羊皮、猪皮等家畜皮，此外还有一些野兽皮、鱼皮、鸟皮、海兽皮等稀有动物皮也可以被用于制鞋，如图 2-7-1 所示。

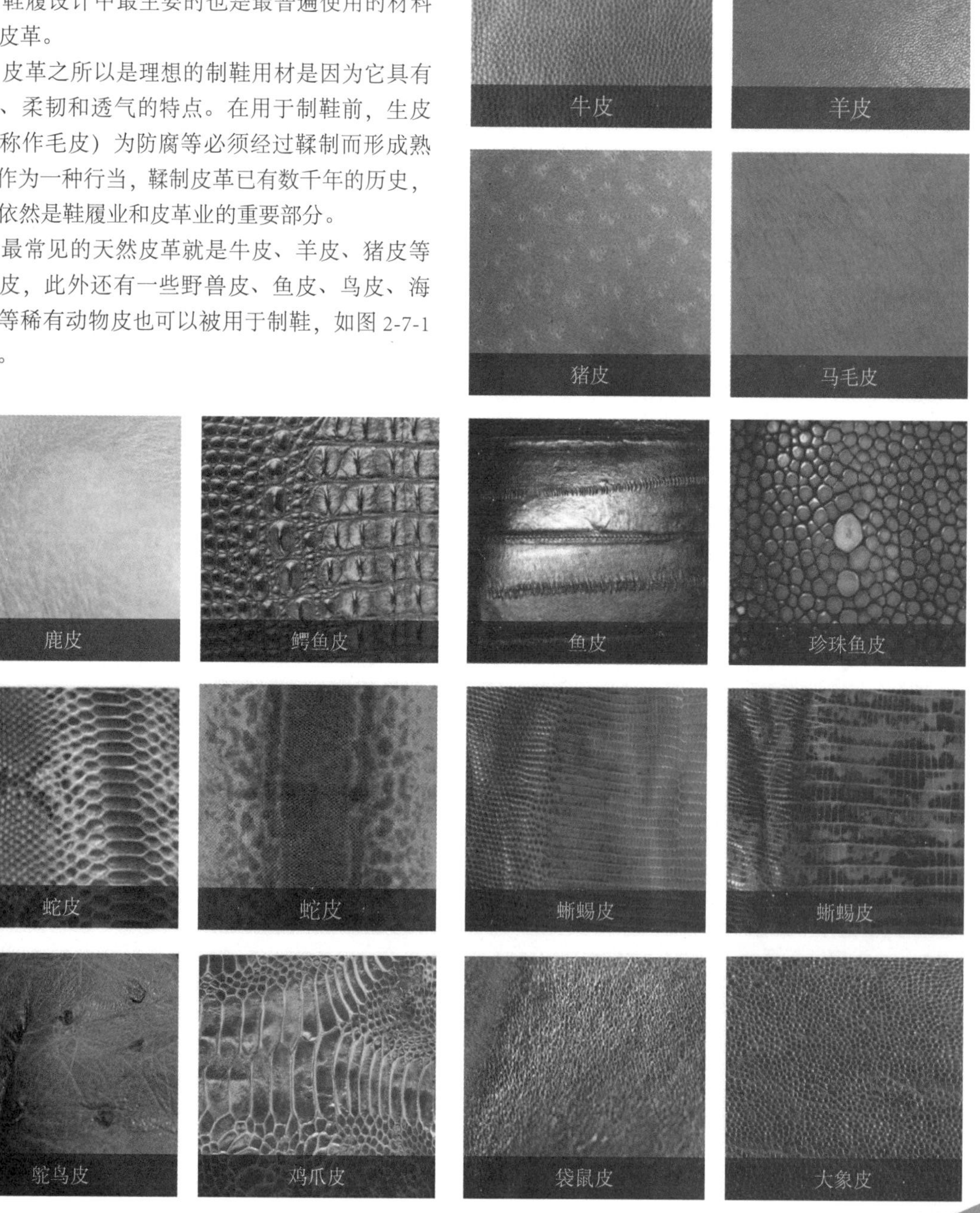

图 2-7-1 常见鞋面材料（皮革）

以牛皮为例，整张天然牛皮展开后包括了颈部、肢部（前肢和后肢）、腹部、肩部、背部、臀部、尾部等主要部位。

不同部位的皮料档次不一样，一般来说臀背部的皮料质量最好，颈部和腹部次之，四肢的最差，如图 2-7-2~ 图 2-7-3 所示。

不同部位的皮料主纤维束方向也是不一样的，实际做鞋开料时需要根据不同部位的纤维走向来确定如何排布，因为不符合纤维走向布局的鞋料会导致鞋子变形，影响销售。

为了加工方便，有时也会对整张皮进行分割，切成两个半张，或按照部位将皮革进行切割后根据档次进行差异化生产销售。

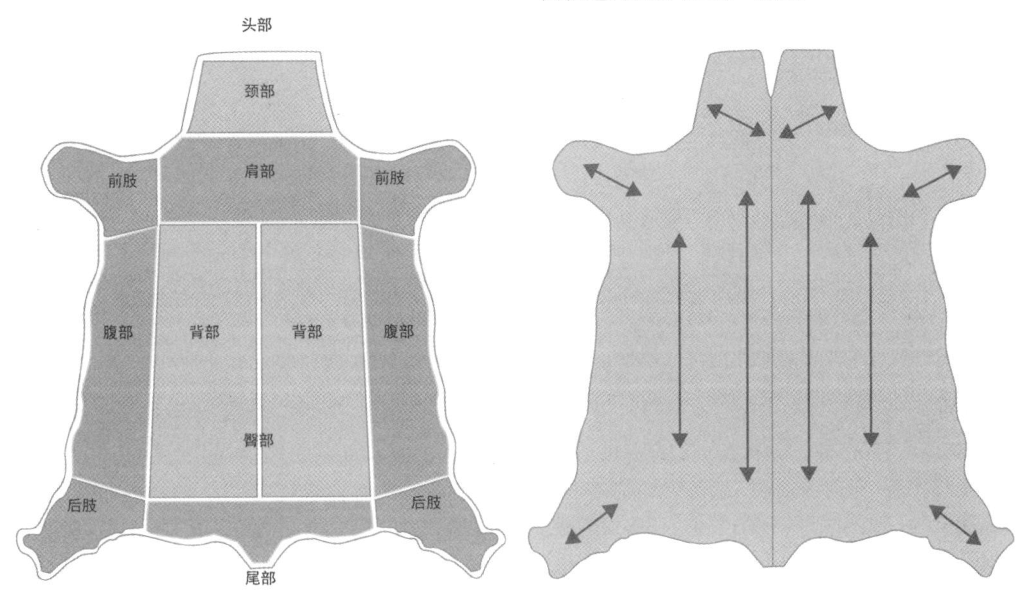

图 2-7-2 整张牛皮分割图

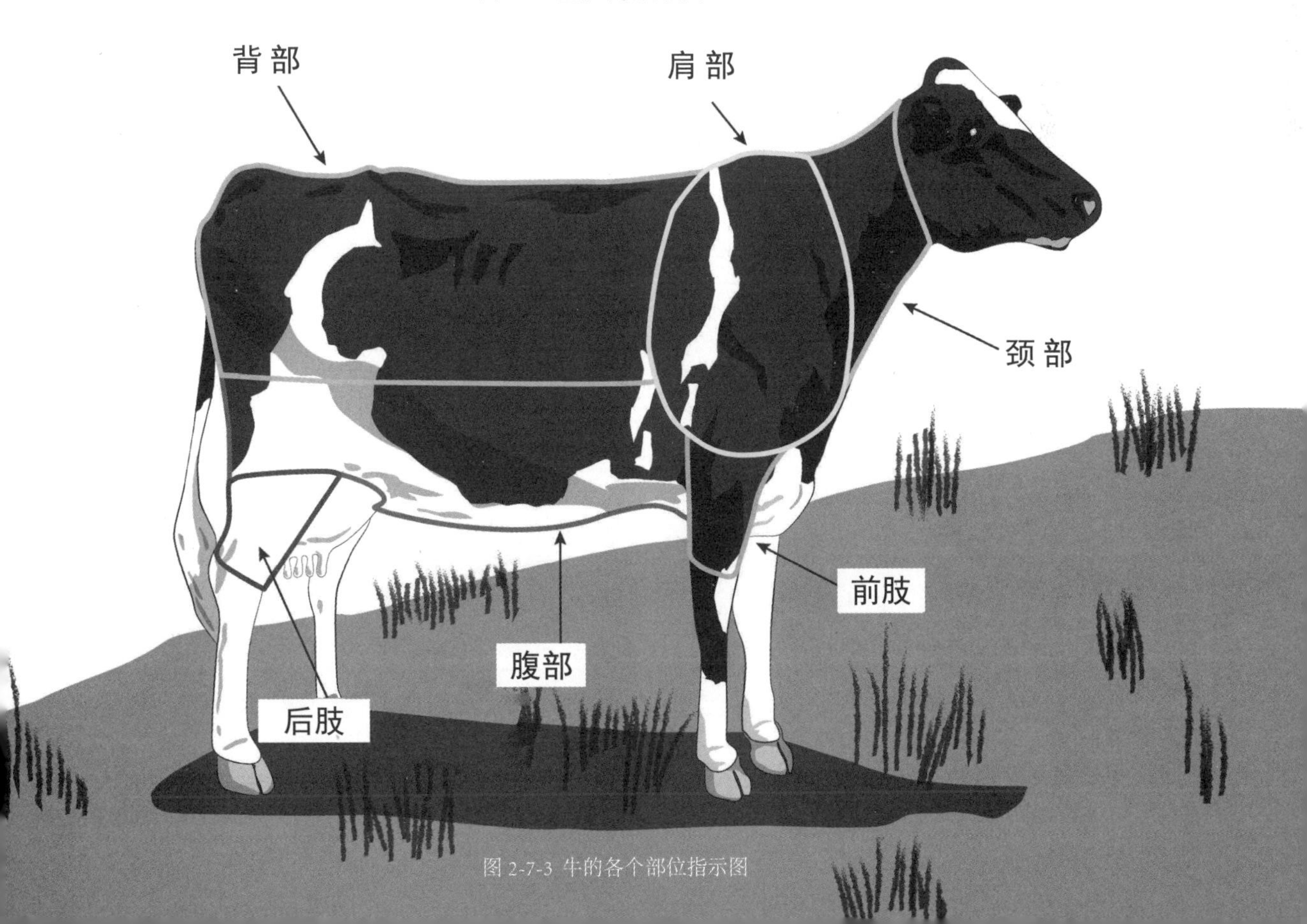

图 2-7-3 牛的各个部位指示图

皮革根据其表面状况，也可以分为全粒面革、半粒面革、修面革、绒面革、二层革等。

全粒面革：也称为正面革、光面革，俗称头层革。是指粒面保持完整的、具有天然毛孔和粒纹清晰可见的皮革。

半粒面革：半粒面革也称清磨革或轻饰革。是指用机器把皮革表面轻微缺陷磨掉的革，其品质略低于全粒面革，但由于磨革的程度很轻，仍然可见天然的毛孔和清晰的纹理。

修面革：修面革是指用磨革机把部分粒面磨掉减轻粒面伤残，然后再经涂饰的革，有些修面革依然有粒面层和网状层，只不过粒面的花纹和毛孔不是天然形成的，而是模仿全粒面或其他粒面效果做的假粒面。

绒面革：绒面革是指在革的表面经过磨绒处理所制成的革。

二层革：二层革是没有粒面的、经过深加工后制成的鞋面革，有二层贴膜革、二层移磨革、二层绒面革等品种。有些好的二层革外观上可做到和修面革相差不大，但由于缺少粒面层，所以从品质上来说比较低，二层革易吸水，强度低，易松弛变形，价格也低。

光面牛皮

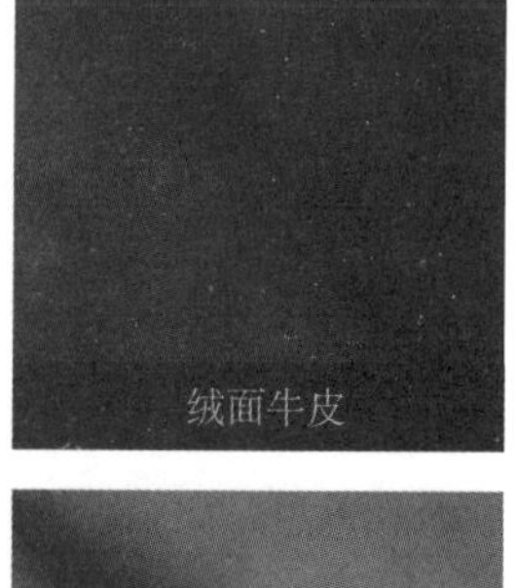
绒面牛皮

反绒牛皮

油性牛皮

图 2-7-4 常见牛皮的不同表面状况

reminder

注意：

对于设计师而言，除了了解皮料的种类以外，还需要对皮料的不同的处理工艺和效果有基本的认识。通过面料工艺和表面效果创新可以让设计焕然一新。

以牛皮为例，它经过各种表面处理可以做成光面牛皮、绒面牛皮，同时可以做成漆皮、牛毛皮，还可以利用印花、压印等效果附加上很多不同的视觉效果，如图 2-7-4 ～图 2-7-5 所示。

皮革压印效果在鞋子上的运用举例

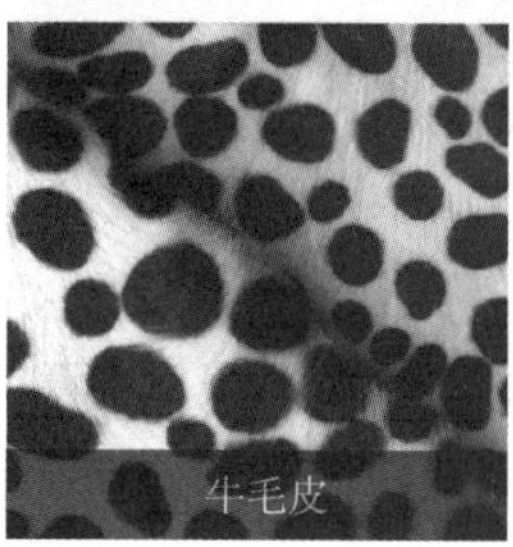
牛毛皮

漆牛皮

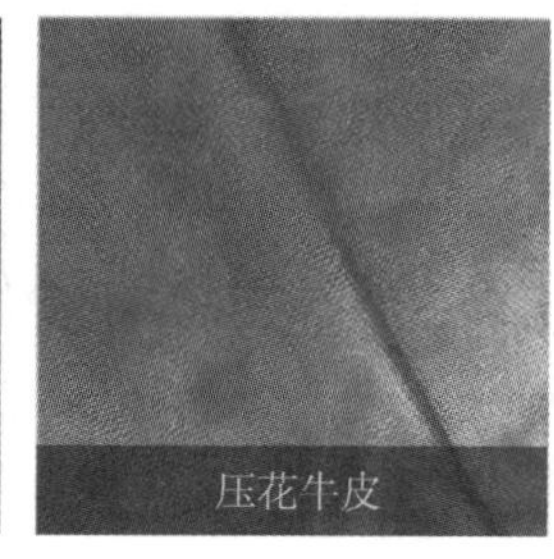
压花牛皮

印花牛皮

图 2-7-5 常见牛皮的表面处理效果

> 纺织材料

鞋用纺织材料的市场五彩缤纷，为鞋类的设计、款式的变化、材质的应用提供了丰富的资源。在材料的选择上，传统的皮、胶、布、塑料已经出现相互借鉴、相互渗透、相互补充的局面。

> 编织材料

可以是用天然皮革制成的，也可以是合成材料制成，非常松软的编织材料一般不太适合做成鞋子，相对紧实、有组织的编织材料更加适合。厚重的编织材料适合做训练鞋、休闲鞋或者运动鞋。一些用棉、亚麻、帆布、丝或者其他材料制作的编织材料则更适合被用于时尚鞋履的设计，包括晚宴鞋、凉鞋等，而且一般更倾向于做表面装饰，而不承担相应的力学结构。

> 无纺布

也叫非织造布，其品类很多。在制鞋过程中，柔软的非织造布可以直接制作鞋里、鞋衬、鞋垫材料，经过浸胶后变硬可以制作内底、主跟、包头等，表面经过涂饰后具有仿真粒面，可以制作成人造革、合成革等用于制鞋。

> 纤维材料织物

除了皮革、橡胶、塑料等，制鞋过程中也经常用会到一些纤维织物，例如帆布、牛仔布、毛毡等，虽然使用的数量不是很多，但是起的作用不小，对鞋帮的加固、定型、卫生、保暖及装饰有着重要作用，如图 2-7-6、图 2-7-7。

图 2-7-6 一款运用了碳纤维材料的高帮运动鞋

图 2-7-7 常见鞋面材料（非皮革）

02- 鞋底材料

鞋底用料非常丰富，主要包括皮底、EVA、TPU、PU、TPE、TPR、IP、橡胶树脂等。随着现代工艺技术的创新，很多鞋底都是采用复合材料制成，即在鞋底上同时运用两种以上的材料，或者用不同的工艺，作为设计师应该了解制作鞋底的各种基本材料，并时刻关注鞋底材料和工艺的创新，如图 2-7-8 所示。

> 皮革

指用于制作鞋底部件的皮革材料。和鞋面皮革相比，底部用料一般选用张幅大的、质地重、纤维结构紧密的黄牛皮、水牛皮、猪皮等。

>EVA

EVA 发泡材料多用于中底，即夹在内底和外底之间的一层鞋底，现阶段也有很多品牌单独使用 EVA 材料制作外底。EVA 发泡材料质量较轻，但是其耐磨性相对较差，冬天会变硬打滑，所以一般会在与地面临近的部位再粘合一层橡胶片，增加耐磨和防滑性。

>TPU

TPU 名为热塑性聚氨酯弹性体橡胶。主要有聚酯型和聚醚型之分，它硬度范围宽、耐磨、耐油、透明、弹性好，可以制成多种颜色和表面效果，甚至是金属效果的鞋底。

>PU

PU 是最早出现的热塑性弹性体，也被叫做聚氨酯橡胶，通常用发泡的成型工艺制作而成。

>TPE

TPE 是一种热塑性弹性体，具有一定弹性。通过化学反应的方法制造成鞋底。

>TPR

TPR 材料也叫做热塑性橡胶，具有弹性，是模仿橡胶弹性的制品。采用橡胶与树脂机械共混的物理生产方法生产成鞋底。

> 橡胶

橡胶是具有高弹性的高聚物，能在外力的作用下变形，除去外力后又恢复原来的形状。根据橡胶的来源，又分为天然橡胶（又称乳胶）和合成橡胶两种类型，是相对柔软的鞋底材料。

> 树脂

树脂虽然也是高分子聚合物，但是树脂的平均分子质量低于橡胶，所以不具有高弹性，但是树脂具有可塑性，使得加工操作变得简单，这又是橡胶材料所不能相比的。通常用注塑的成型工艺制作而成。

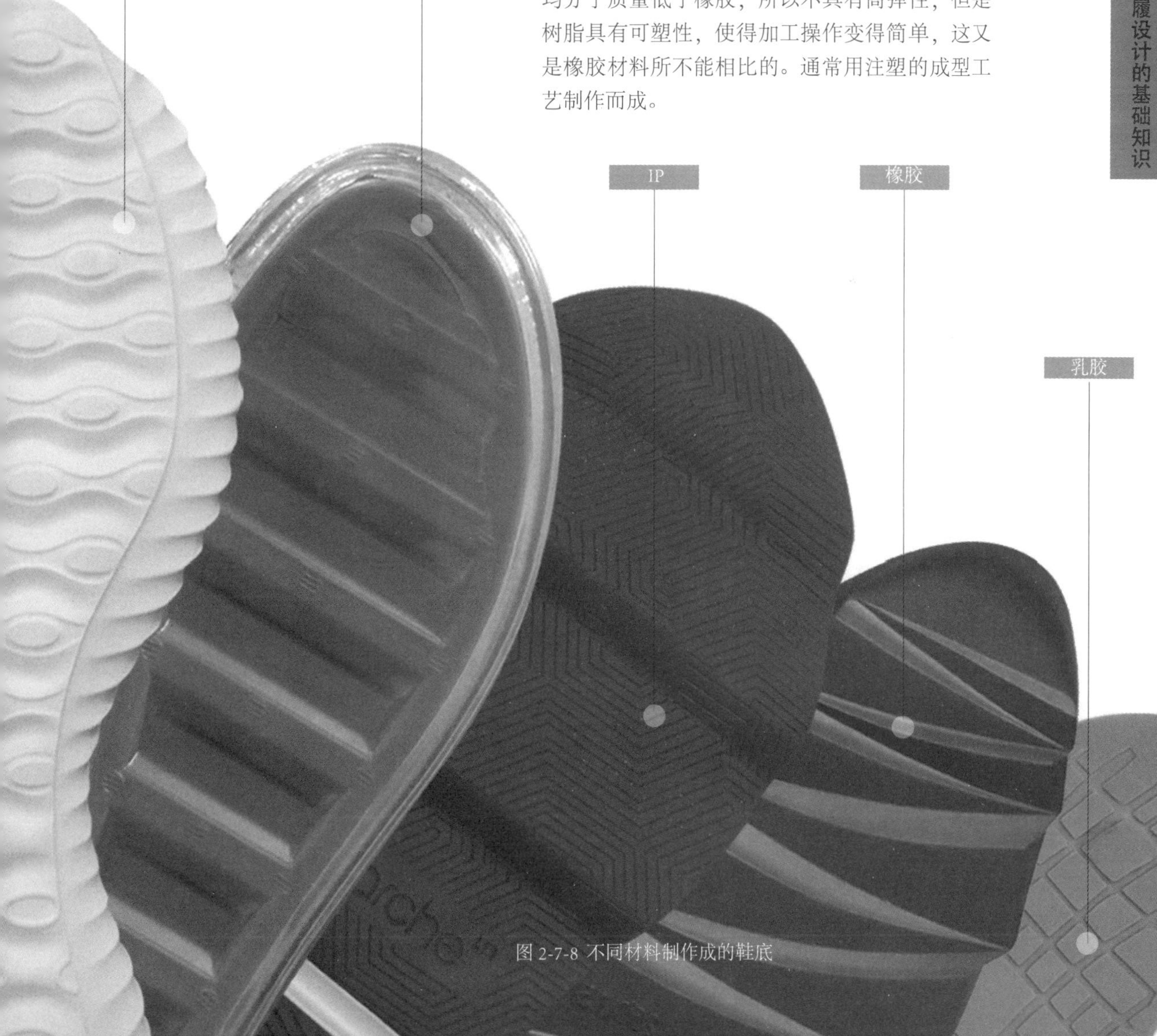

图 2-7-8 不同材料制作成的鞋底

03- 中底材料

传统的中底是由灰板、坦克松、勾心、乳胶海绵构成。

新型的中底则由 PP 材料注塑工艺制作而成。相对传统中底板其更加持久耐用、柔韧坚固、防潮不变形，适用于所有高品质鞋类产品。

如图 2-7-9 ～图 2-7-11 所示。

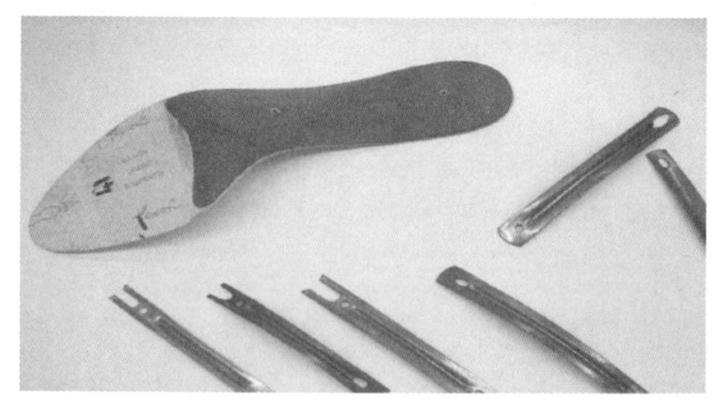

图 2-7-9 普通中底

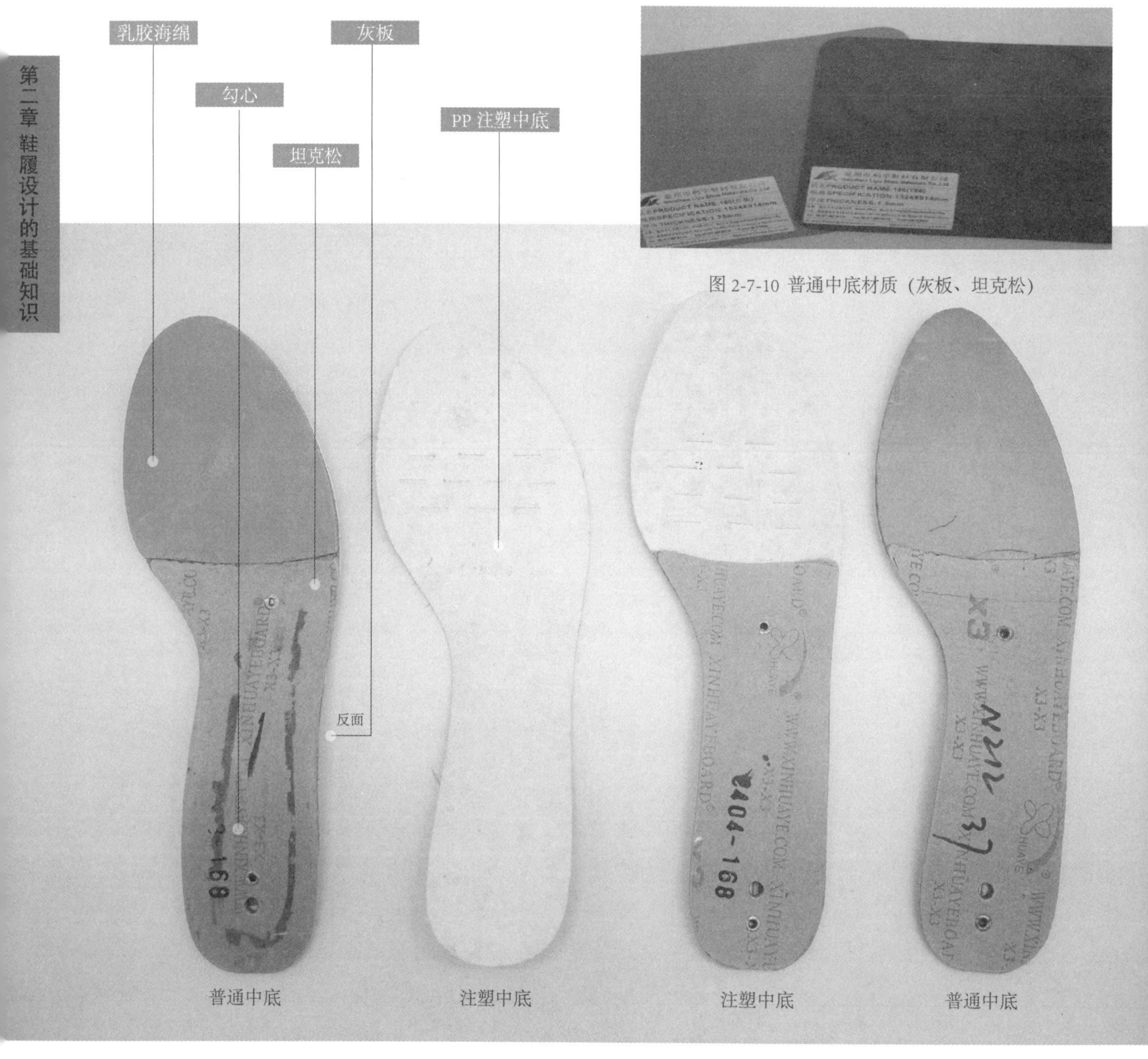

图 2-7-10 普通中底材质（灰板、坦克松）

图 2-7-11 普通中底和注塑中底

04- 鞋跟材料

制作鞋跟的材料主要有皮、木头、聚苯乙烯、铝、ABS、树脂等。

> 皮跟

皮跟有真皮跟和假皮跟之分，真皮跟常用于正装男鞋，鞋跟部分是由植鞣革一层一层贴合而成，手工居多，尽显鞋履的品质和档次；假皮跟则是从视觉上模拟有真皮跟那样看上去一层一层的感觉，实质则是在 ABS 或聚苯乙烯的鞋跟外表面印刷上了类似真皮跟那样纹路的视觉感觉，如图 2-7-12、图 2-7-13。

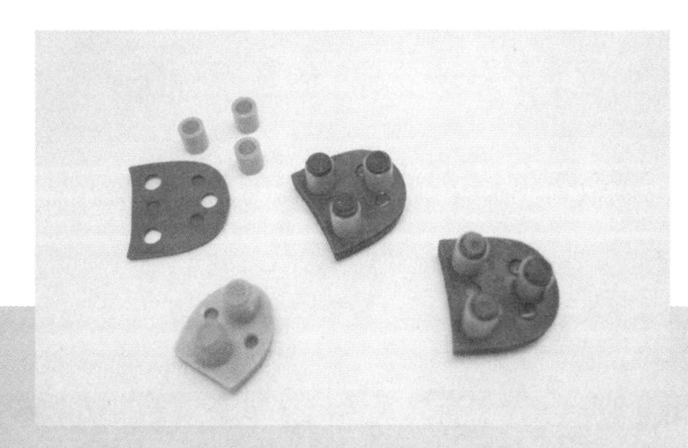

图 2-7-12 鞋跟的天皮及组件

> 木根

木跟纹路清晰，可在其表面做喷涂等效果，价格相对较贵，通常用于高档定制产品或者鞋跟初样，强调手工的感觉。

> 聚苯乙烯跟

该种跟表面稍有粗糙，价格最便宜，一般采用包皮等装饰形式对其外观进行再设计。

> 铝跟

铝跟比较轻，价格略高，一般在其表面采用电镀等工艺进行装饰设计。

>ABS 跟

价格便宜，表面光滑，可以采用包皮、喷漆和电镀工艺进行装饰设计。

> 树脂跟

树脂浇注成型，表面一般需要打磨处理，可采用喷漆等工艺进行装饰设计。

图 2-7-13 各色假皮跟纹路印刷实例

05- 辅料

辅料在鞋上看似是个小件，但是对于鞋履设计能起到画龙点睛的作用，如鞋带、拉链、金属装饰扣、魔术贴、气眼等都变得越来越丰富、时尚了，精致的辅料会让一款普通的鞋履焕发新生。

> 鞋带

如图 2-7-14 所示，鞋带用于绑住鞋子内、外帮面，装饰帮面，调节鞋子松紧度，保证脚踝安全性等。广泛应用于各类运动鞋、休闲鞋、正装皮鞋。

> 拉链

如图 2-7-15 所示，拉链是依靠连续排列的链牙，使物品并合或分离的连接件。拉链常被用于靴子靴筒靠脚踝内侧的地方，为了方便使用者穿着；拉链也常被用于潮流鞋款，起到装饰功能。

图 2-7-14 字母印花鞋带

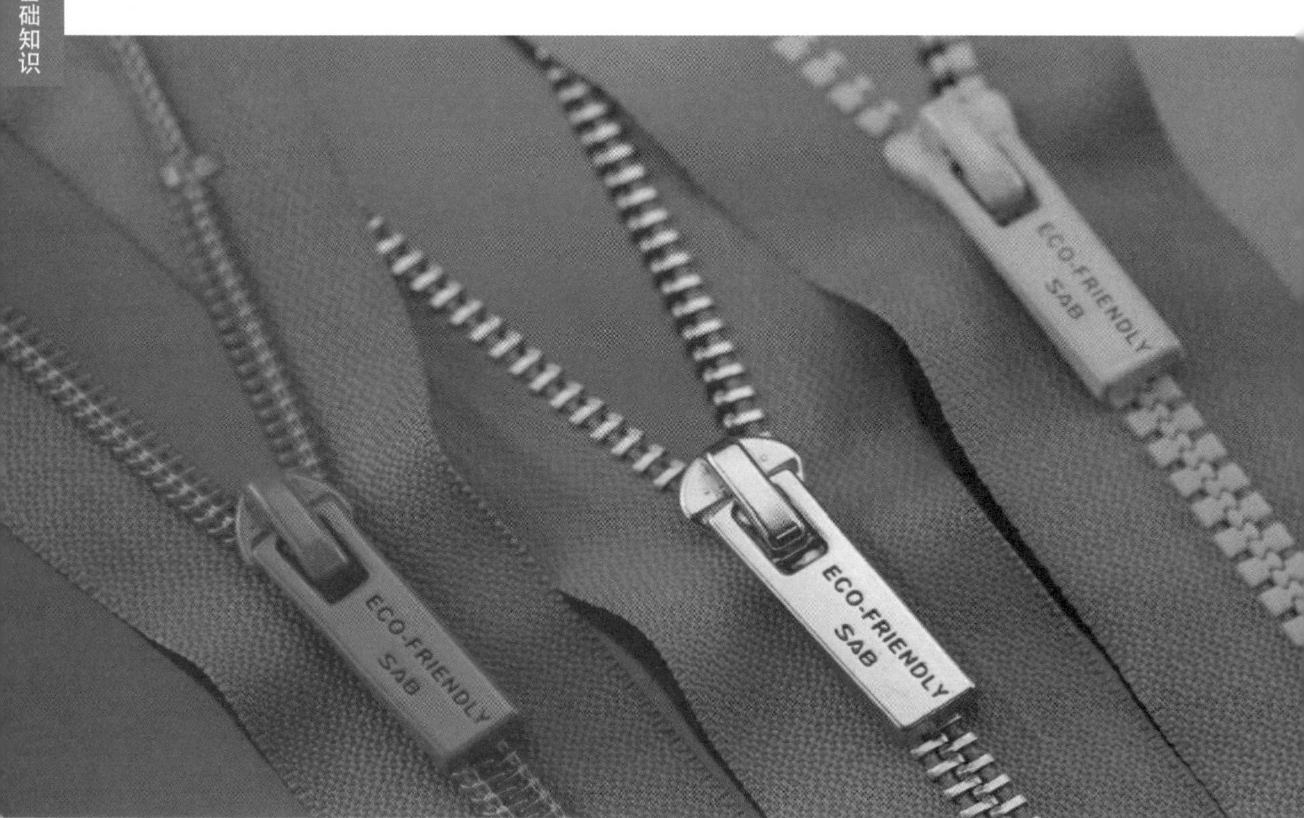

图 2-7-15 拉链小样

> 魔术贴

魔术贴被大量用在儿童或老年人的鞋履中，因为这样可以比扣袢和系鞋带来得更为方便快捷。现在，魔术贴也被用在鞋帮面上，形成可以由用户自行 DIY 的装饰件，如图 2-7-17 中左图及图 2-7-18 案例所示。

> 气眼

气眼是装配在鞋孔上的金属件，有保护鞋孔不被拉豁、拉变形的防护作用，有气眼套、气眼钩和气眼环几种类型，有不同的几种直径大小可供选择。

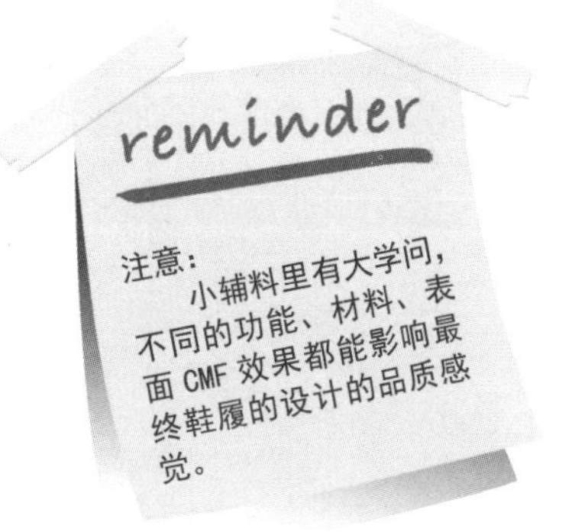

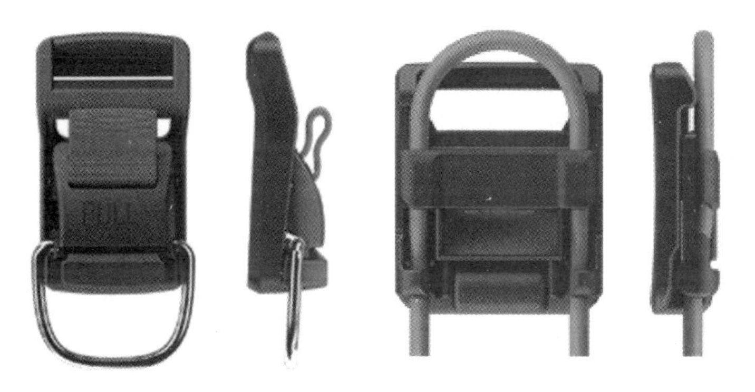

图 2-7-16 装饰扣

> 装饰扣

装饰扣是用来美化鞋帮装饰件，有多种材料、规格、尺寸、造型、颜色，包括鞋头的金属装饰扣，还有鞋面的装饰铆钉，还有具有一定的功能的四合扣等，如图 2-7-16、图 2-7-19 所示。

图 2-7-17 辅料在鞋履各个部位的运用

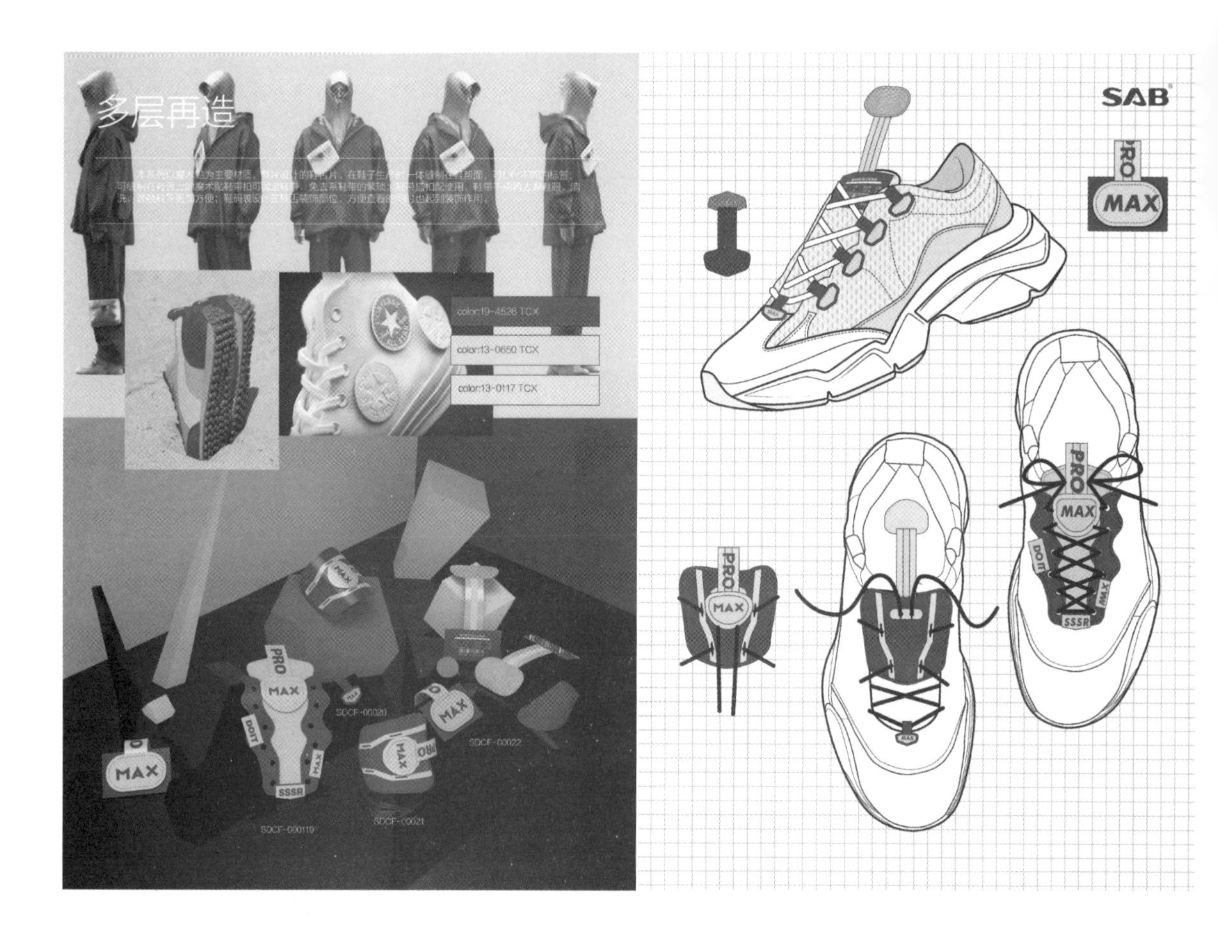

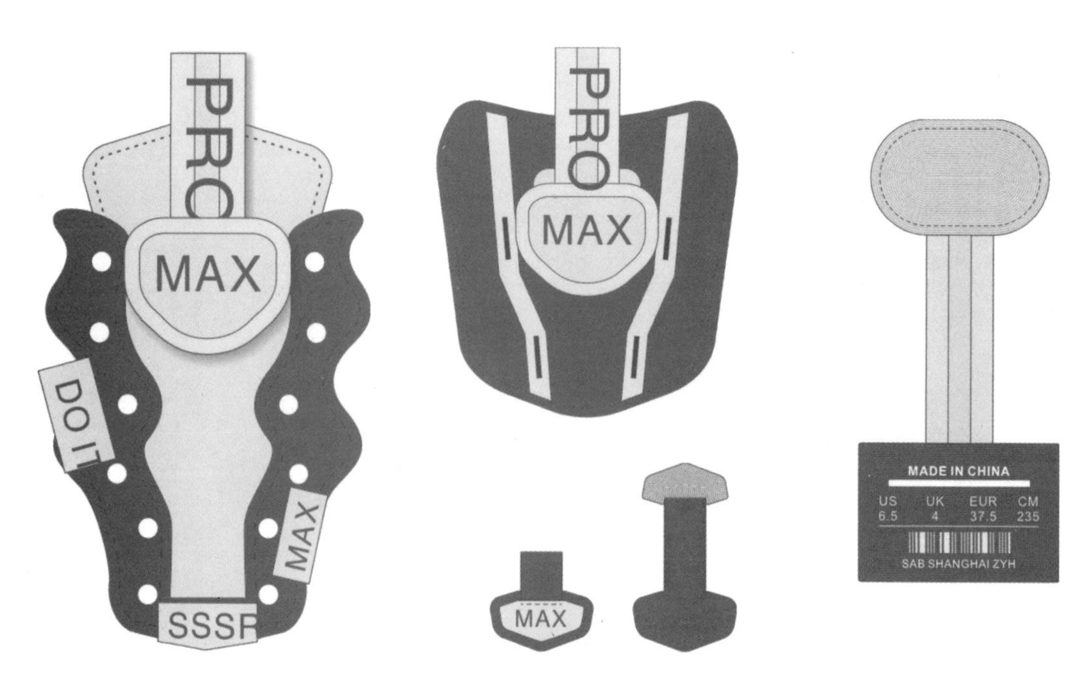

图 2-7-18 鞋履中的辅料设计应用 1 (作者：张艺涵)

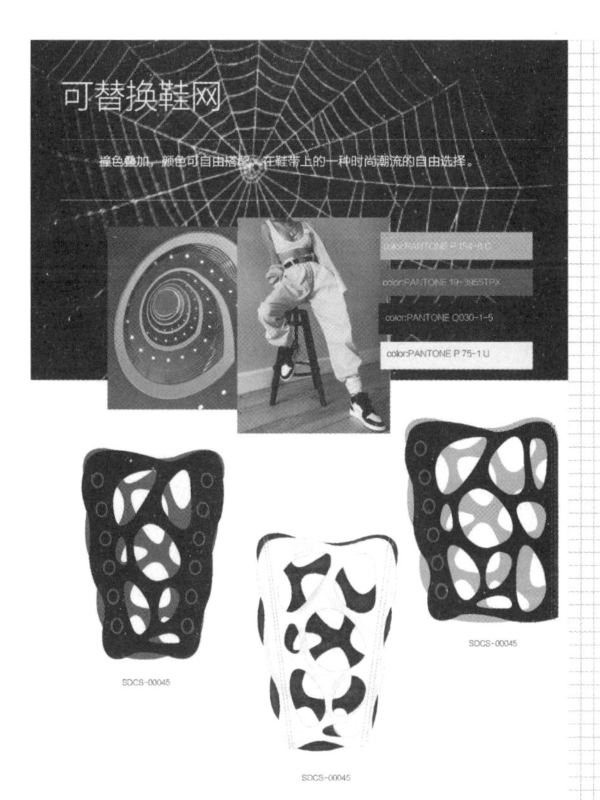

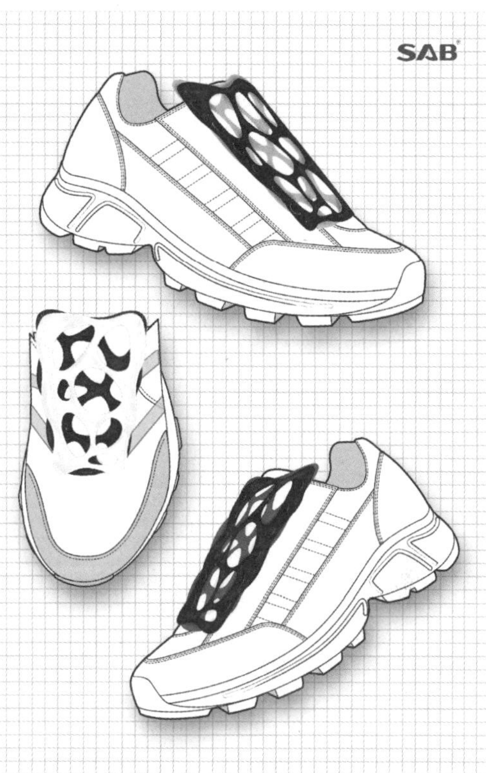

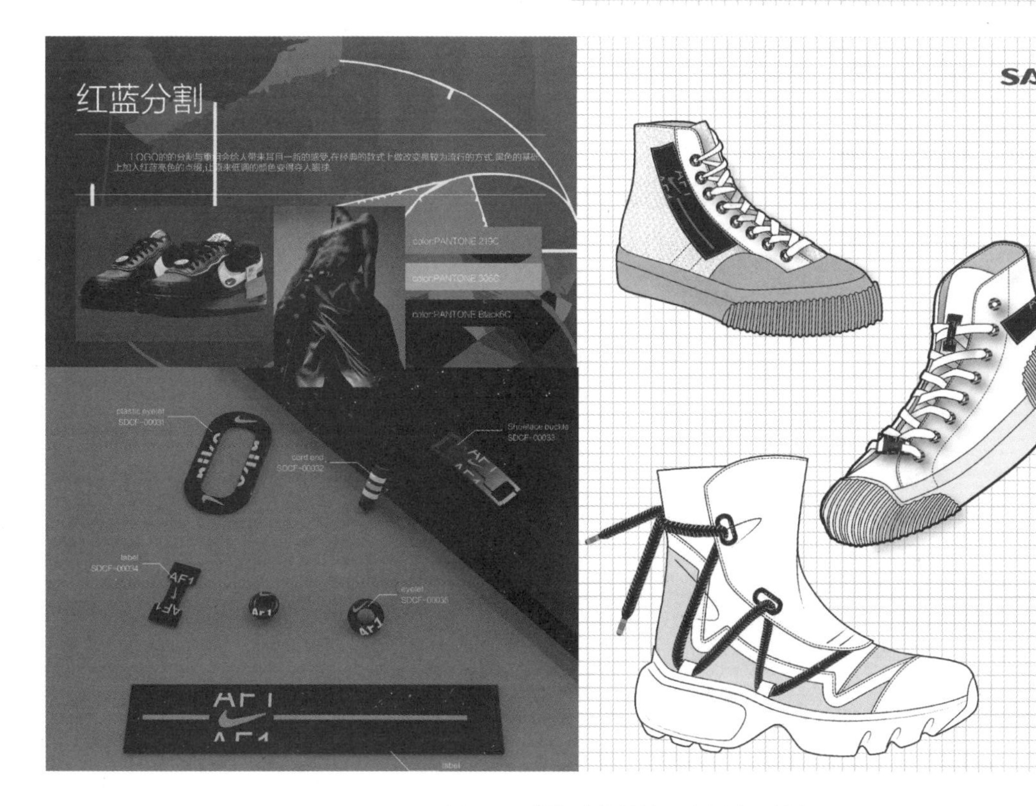

图 2-7-19 鞋履中的辅料设计应用 2（作者：张艺涵）

第三章 鞋履设计研究

当下的鞋履行业绝不仅只是一项简单的手工制造业，而是一种和信息技术相融合的产业。鞋履企业是根据各种信息来进行设计、生产和流通的。鞋履设计研究是鞋履设计过程中一个相当重要的环节，是深入研究鞋类某一主题领域的最佳途径，也是为作品寻找新灵感的最好方式，是鞋履设计中充满乐趣的过程。

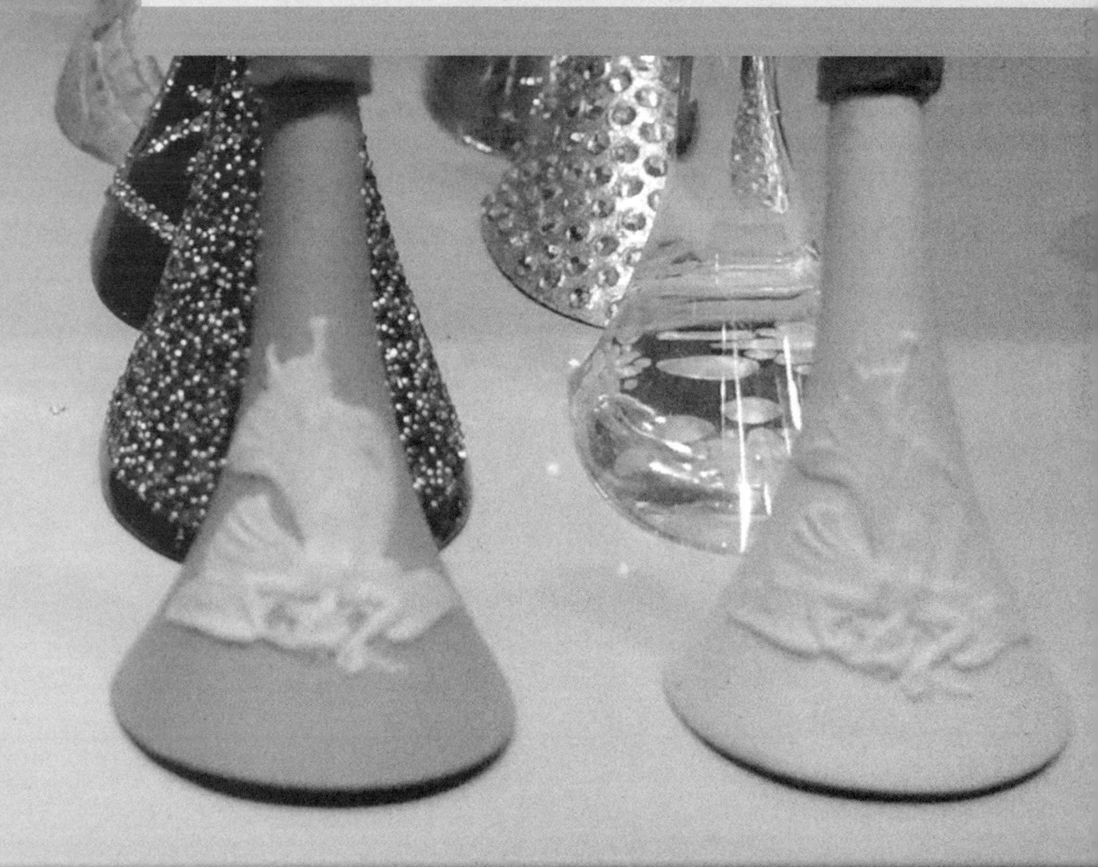

第一节 流行趋势调研

流行趋势是指流行时尚的发展方向，对流行的预测就是围绕流行的、潮流的大量事例做出剖析，综合现行的社会、科技、文化、经济形势，确立流行的发展趋势的过程。

对于鞋履的设计研究，第一步就是进行流行趋势的调研，如图 3-1-1 所示把握来自社会政治、经济和文化等多重因素的影响，了解大众审美发展趋向，完成预测下一季鞋履将要流行的主题、色彩、材质、楦型、元素、图案、搭配等具体内容的一个提案，以此引导鞋履的开发、丰富设计表现形式，形成有效的品牌视觉。

主题名称	填入主题名称		
主题背景	政治	经济	文化
	1、 2、 3、 ……	1、 2、 3、 ……	1、 2、 3、 ……
主题色彩 色彩小样	Mood board 主题版拼贴 （以抽象的图像拼贴告知主题的整体感觉）		
楦型	灵感图片 关键字		
元素/图案	灵感图片 关键字		
材质和细节	灵感图片 关键字		

图 3-1-1 流行趋势调研表格

如图 3-1-2 ～图 3-1-5 所示，流行趋势调研的渠道非常广泛，设计师可以从时尚发布会、时尚出版物、流行趋势预测机构、展会、博物馆、画廊、艺术与建筑、街头（语言和装扮）、文化遗产、历史档案、图书馆、社团等各方面收集信息，并用照片、速写、笔记进行记录。

更多关于鞋履流行趋势预测的方法、渠道等请见系列配套书籍《时尚产品设计》。

WGSN

PROMOSTYL

图 3-1-2 流行趋势预测机构

图 3-1-3 时尚出版物

互联网

图 3-1-4 时尚资讯获取渠道

图 3-1-5 时尚发布会

第二节 商场调研

商场调研，也称为巡店，是时尚类产品设计常用的一种调研的形式，和流行趋势的调研一般是同时进行的，只不过它是通过商场或其他购物平台了解市场现有产品情况并预判趋势走向，进行快速反应或者启发后续产品开发。

通过商场调研设计师可以进一步了解目前在售产品的主设计元素、主面料、主要色彩、主要形状（鞋头、鞋面、鞋跟、大底）等主要信息，一方面更加准确地帮助设计师进行流行趋势的预测，另一方面能通过竞争对手的商品分析确定最佳的产品策略。

图 3-2-2 是设计师商场调研的图片举例，图 3-2-1 展示的是设计师商场调研后需要整理图片的思路，即将拍到的产品图片按照主设计元素、主面料、主要色彩、主要形状等要素进行分类整理。

reminder

注意：

商场调研绝不是浅尝辄止、走马观花的随意逛街，而是一种寻求产品突破点的过程，需要基于竞争产品作出快速反应。

主设计元素		设计元素1-	设计元素2-	设计元素3-	设计元素4-	设计元素5-
	细节照片					
	品牌名					
主面料		主面料1-	主面料2-	主面料3-	主面料4-	主面料5-
	灵感照片					
	品牌名					
主要色彩		主要色彩1-	主要色彩2-	主要色彩3-	主要色彩4-	主要色彩5-
	灵感照片					
	品牌名					
主要形状（鞋头、鞋面、鞋跟、大底）		主要形状1-	主要形状2-	主要形状3-	主要形状4-	主要形状5-
	细节照片					
	品牌名					

图 3-2-1 商场调研报告表格

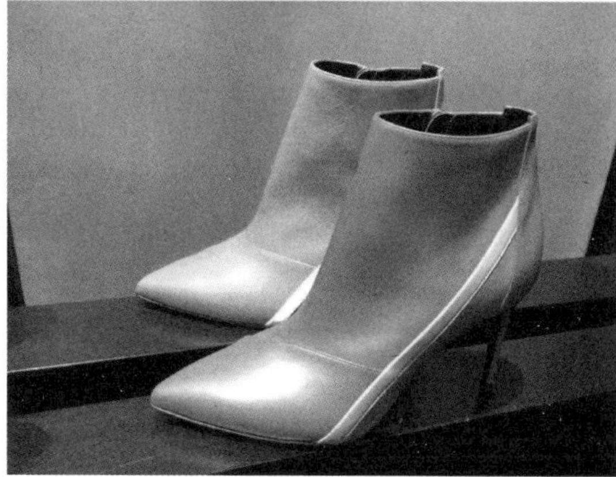

图 3-2-2 商场调研图片

实地拍摄商场中参考品牌、竞争品牌的产品图片，并按照设计元素、面料、色彩和形状等进行分类和整理，形成有效的商场调研报告。

第三节 架构设计主题

主题是产品开发背后的支撑和故事，包含着消费者对生活的期许，主题是品牌表达其自身社会意识的手段；是品牌与消费者沟通的语言；主题能够提供给设计师灵感来源，让设计师有据可循；也是把握设计方向的标杆。

鞋履设计需要根据对时代特点、流行趋势、品牌诉求等信息的分析和判断，结合市场预测等信息，架构出本次设计开发的主题。

有的品牌坚持一个大主题始终不变，给消费者经典持久的印象；有的品牌主题随着潮流发展，每年或每季度调整，不断给消费者带来新的概念；也有的品牌在坚持主题风格不变的情况下，根据流行趋势每年推出新的小主题概念吸引消费者。总之，主题是品牌产品开发的重要内容之一，是具体设计工作真正开始的第一步。

主题可以是具象的物体，也可以是抽象的概念。主题的确定通常由一个或多个对设计师有启发作用的灵感源而来。艺术总监将总结成文字的灵感源概念或图片提供给设计师，作为开展当季工作的依据。

reminder

注意：

从主题中可以提取出产品的主旨、表现形式、色彩范围、图形花样等内容。这些是设计工作的指导书，为整个设计团队的产品整合和分工协作提供理论基础。

主题可以是文字、图片、电影、音乐等任何能够给设计师灵感和联想的元素。在同一主题下设计完成的产品除了具有形式上的统一性以外，在风格、感觉上也具有“神似”的效果，这就是主题的作用。

海派经典风格
SHANGHAI CLASSIC STYLE

金色时代 Golden Age
功能浮夸 Grandiose Function
越界趣味 Crossover Taste
新潮华丽 Trendy Gaudery

海派自然风格
SHANGHAI NATURAL STYLE

感知剪辑 Perception Montage
人工自然 Artificial Nature
写实装饰 Realistic Decoration
质感技艺 Textured Craftsmanship

图 3-3-1 2018/2019 秋冬海派流行趋势小主题（海派经典及海派自然风格）

2018/2019 秋冬海派流行趋势的主题通感解释：

我们的时代没有任何可隐藏的空间，个性将被利用作为时代符号而同化，这是因为流行没有绝对的个性，任何个性都将成为某种共性的代言，这个时间永远都会运算出匹配度绝佳的镜像！人们如同分子般自由而无序地存在或隐藏，也如同流行！这一季我们的事业将俯瞰所有，未知与发展，规律与随机都呈现出纷繁复杂后交融的共性，也是我们解释所有的通感！

如图 3-3-1 ～图 3-3-3 所示通感主题的主题架构和氛围版。

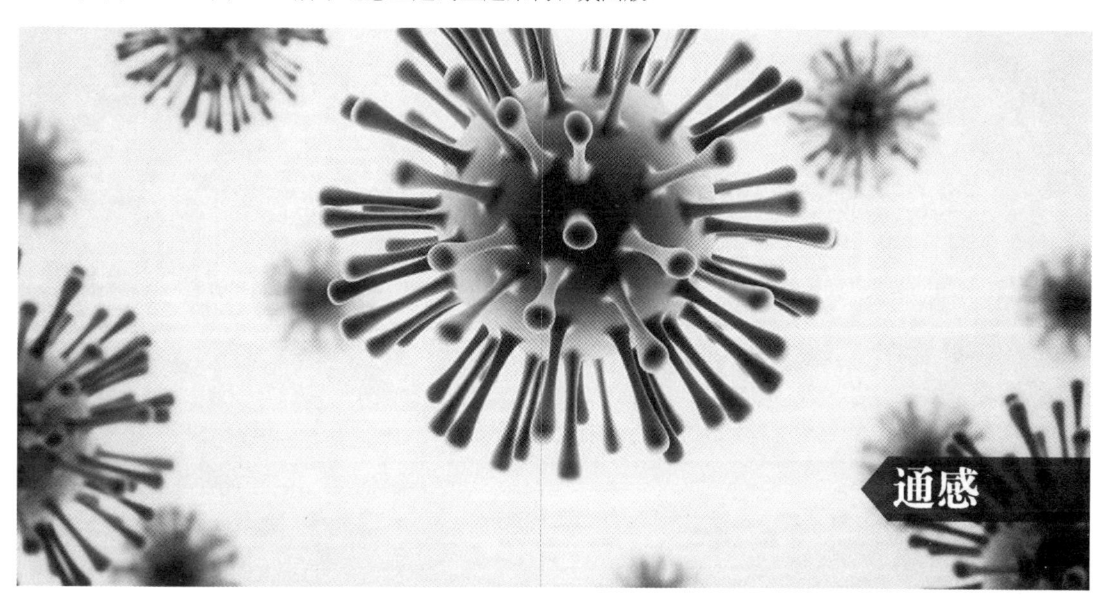

图 3-3-2 2018/2019 秋冬海派流行趋势 主题概念通感

海派都市风格
SHANGHAI URBAN STYLE

工装再造 Realistic Decoration
亚文化流 Subculture Flow
复古前卫 Vintage Avant-garde
优柔符号 Soft Symbol

海派未来风格
SHANGHAI FUTURISTIC STYLE

自由几何 Free Geometry
混沌风貌 Chaotic Look
架构拆解 Decomposition
材质仿真 Materials Simulation

图 3-3-3 2018/2019 秋冬海派流行趋势小主题（海派都市及海派未来风格）

第四节 收集灵感图片

灵感图片的收集是解析主题最为形象的一种形式，我们根据主题形成一些关键词，通过关键词形成对主题较为一致的共识，然后通过寻找、绘制、拍摄图片来表达对主题的理解，使得主题更加形象化，借此形成设计中所需要的必要元素。

对于不同的人，发现灵感的难易程度并不一样，灵感可以来自你身边的真实存在的事物，还可以来自生活中的体会和感受。设计师不应该单纯从时装杂志或别人设计师作品中直接抄袭，而是需要基于对灵感的深度挖掘，传递设计理念和思维。

灵感可以从博物馆、美术馆、展览会、建筑、书籍、电影、街头文化或平凡生活中寻找。设计师需要建立自己的素材来源渠道，并有效地整理成数据库，方便后续使用，如图 3-4-1 ～图 3-4-2 所示按照图片类别、来源渠道、用户感受、颜色大类等分类。

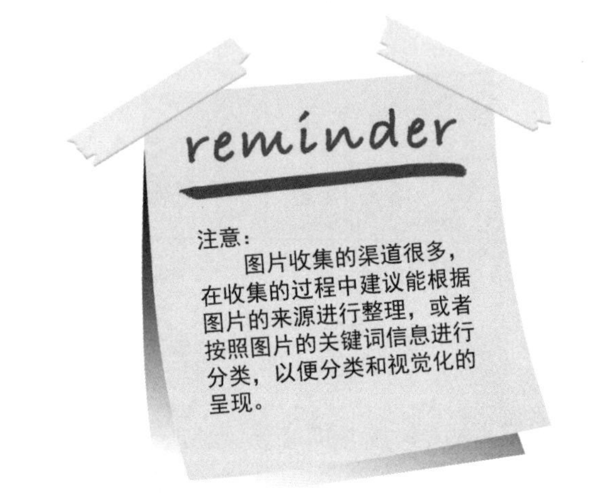

T台	灵感图片 关键字	灵感图片 关键字	灵感图片 关键字	街拍	灵感图片 关键字	灵感图片 关键字	灵感图片 关键字
自然风光	灵感图片 关键字	灵感图片 关键字	灵感图片 关键字	博物馆	灵感图片 关键字	灵感图片 关键字	灵感图片 关键字
自然风光（建筑等）	灵感图片 关键字	灵感图片 关键字	灵感图片 关键字	展览会	灵感图片 关键字	灵感图片 关键字	灵感图片 关键字
创意市集	灵感图片 关键字	灵感图片 关键字	灵感图片 关键字	其他（电影、话剧、书籍等）	灵感图片 关键字	灵感图片 关键字	灵感图片 关键字

图 3-4-1 灵感图片收集分类表格

一些常用的灵感来源网站：
时尚类
1. VOGUE
https://www.vogue.com.cn/
2. GQ
http://www.gq.com.cn/
3. NOT JUST A LABEL
https://www.notjustalabel.com/
4. Hypebeast
https://hypebeast.cn/
5. the Impression
https://theimpression.com/subscription-plan/
6. THE CITIZENS OF FASHION
http://thecitizensoffashion.com/
7.Karen nicol
http://www.karennicol.com/pages/cv.html

视觉类（平面 / 动画 /3D 等）
1. Abduzeedo Design Inspiration：
http://abduzeedo.com/
2.Lovely Package
http://lovelypackage.com
3.Freepik
http://www.freepik.com/free-vectors/graphics
4.Illustration Age:
https://illustrationage.com
5.Folioart.co.uk：
https://folioart.co.uk

产品类（时尚产品 / 家具 / 生活 / 时尚等）
1． Yanko Design
http://www.yankodesign.com/
2.ARCHI TONIC
www.architonic.com/en
3. Better Living Through Design：
http://www.betterlivingthroughdesign.com/
4. Matomeno：
http://matomeno.in/
6. YANG DESIGN
http://www.yang-design.com/
7. core77
http://www.core77.com

图 3-4-2 Pinterest 网站搜索灵感图片

第五节 确定主题色彩

主题色彩的确定也来源于主题，是主题概念的体现形式之一，是鞋履设计开发不可缺少的内容。一方面，色彩能够体现品牌风格，区别季节产品的差异性；另一方面，产品开发前进行色彩架构对于设计师选择面料、辅料等也具有重要的指导作用。

色彩架构的确定要参考专业机构的流行色预测、产品上市的季节、销售地区消费者的色彩偏好、本公司近年来的热销颜色、鞋履的搭配和穿着环境等要素。

色彩架构要体现出当季产品每个上市阶段的色彩比例，这样能够对于产品卖场的展示具有良好的辅助作用，也能够促进销售。

色彩架构包括色彩范围、色彩比例、色彩搭配以及色彩上市时间计划等内容。

如图 3-5-1 所示，2018/2019 秋冬海派流行趋势海派都市风格色彩趋势展现了在这一个主题下的色彩构架。

reminder

注意：

表明色彩灵感来源的图片在内容上可以很宽泛，可以是画作，或是人物、风景、静物等的照片，有些甚至是计算机的虚拟二维或三维图形，原则上就是要与设计主题在风格和色彩倾向上保持一致。

图 3-5-1 2018/2019 秋冬海派流行趋势海派都市风格色彩趋势

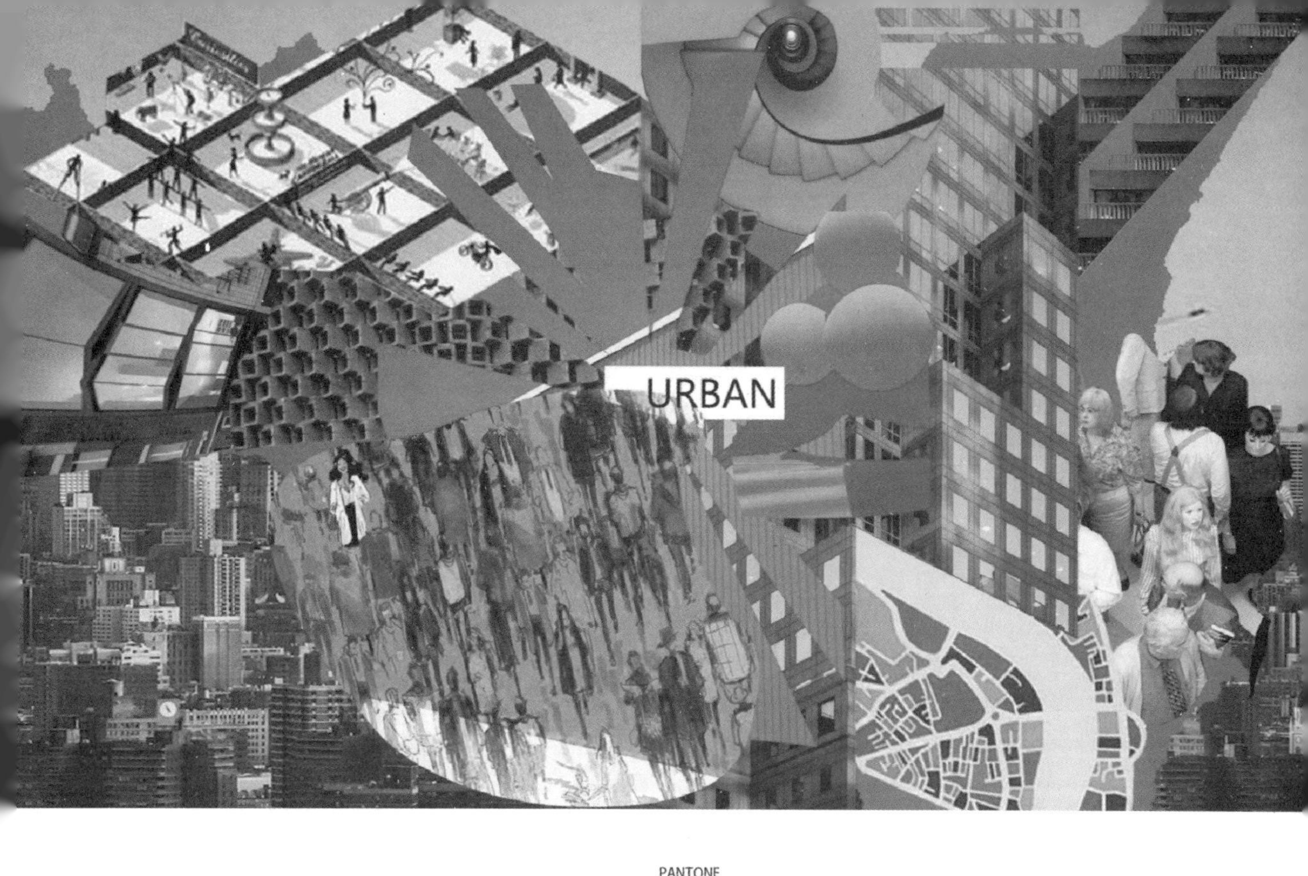

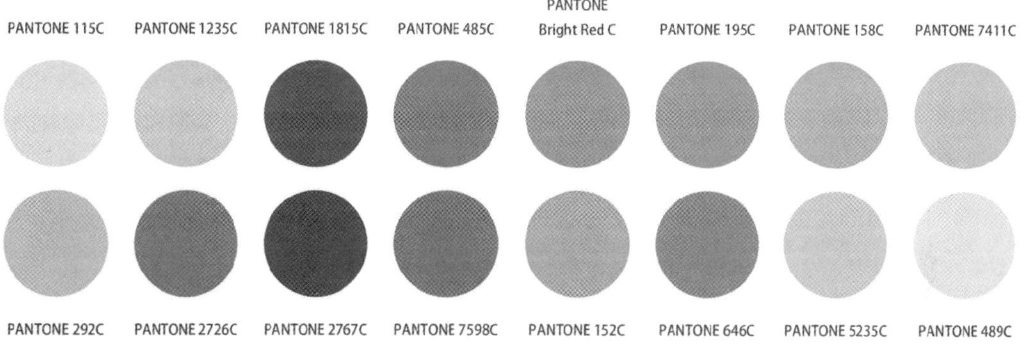

图 3-5-2 “URBAN”主题海派及 PANTONE 色卡

色标一般排列在色彩灵感来源图片的右方或下方，是由 9 至 20 个左右的小色块组成的。这些颜色来自于灵感来源图片，和其相呼应，但绝不是简单运用电脑程序里的吸管工具随便从图片中选取，它们的组合不仅能体现整个系列的色彩感觉，还要有微妙的对比和差别，以保持色彩的鲜活度，如图 3-5-2 所示。

色标的表现形式可以是打印或印刷稿，但其在制作过程中会产生一定的色差而影响输出的质量。因此很多专业的设计手稿都是采用其它材质和方法来制作色标，如贴彩色卡纸、贴纱线色卡、贴皮料色卡、贴塑料色板来代替，以此增加色彩传递的准确度。

在根据主题找到主题色彩大纲后，其色彩感觉就基本确定，但是在实操过程中还需要进一步深化，细分了解该主题色彩的主色、辅色、流行性，并且在色彩大纲内根据目标受众的差异进行有效色彩组合和搭配，比如按照适合男性的色彩搭配组合、按照中性的色彩搭配组合等，其最终结果就是都能统一在一个主题色彩感觉内，但是又能形成丰富的层次感。

第六节 选取设计元素

设计元素是鞋履设计中的基础符号，也是鞋履设计外在视觉最强烈的表现要点，通常在设计之前会通过对主题的解析来获取恰当的设计元素，并将设计元素转化成可视化的图片以及关键词。

对于鞋履设计而言，设计元素的种类很多，它可以是鞋跟、鞋面主体的某种装饰手法，也可以是针脚、衬里的某种特殊细节，也可以是面辅料的组合形式。所以它可以是一种视觉符号，也可以是一种内在联系，还可以是一种产品形式。

设计元素的选取是一个从抽象到具象的过程，通过对主题意向的关键词梳理对应的找到视觉化的图像，并提炼这些有共同意向图片的具体信息，可以是线条、块面、比例关系，也可以是色彩等，如图 3-6-1 展示了选取设计元素的思维框架逻辑，图 3-6-2 则呈现了具体的设计实例。

设计元素1-	设计元素描述	灵感图片 关键字/品牌名	灵感图片 关键字/品牌名	灵感图片 关键字/品牌名
设计元素2-	设计元素描述	灵感图片 关键字/品牌名	灵感图片 关键字/品牌名	灵感图片 关键字/品牌名
设计元素N	设计元素描述	灵感图片 关键字/品牌名	灵感图片 关键字/品牌名	灵感图片 关键字/品牌名

图 3-6-1 选取设计元素记录表格

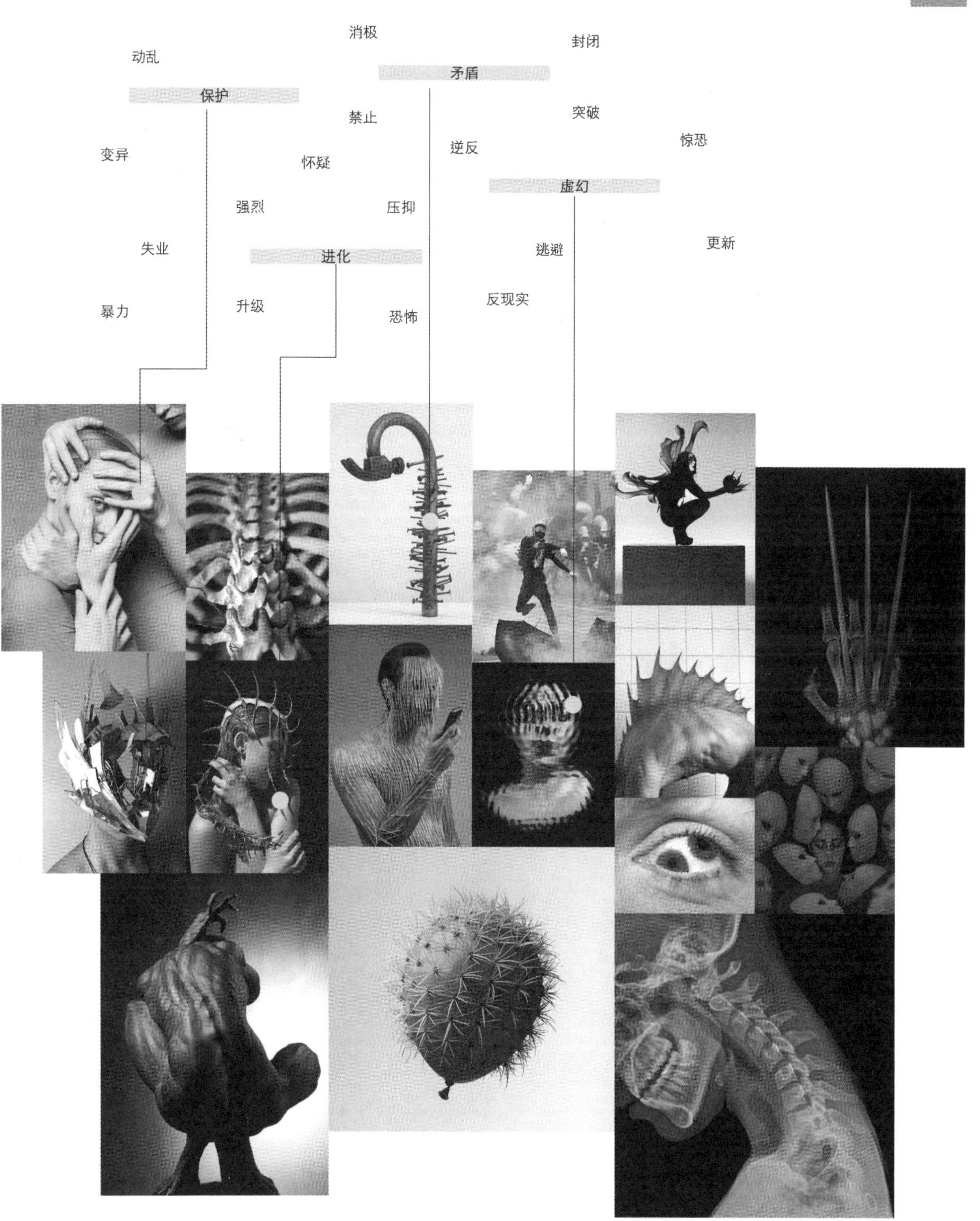

图 3-6-2 设计元素按主题分类整合（作者：张艺涵）

通过对“激进”主题的关键词解析，挖掘有同样意境的可视化图片，分析相同意向产生的视觉要点并归纳成设计元素。

第七节 面辅料的确定

面辅料是主题的重要表现形式之一，面辅料在鞋履设计中也是直接和用户接触的部分，所以是十分重要的因素，是重要的设计手段，在构思策划时，就需要充分对面辅料的架构和搭配加以考虑，否则一个小小的材料就有可能影响整个设计。

在进行鞋履设计时，设计师头脑中浮现出来的问题之一就是使用怎样的面辅料。不管设计概念如何创新，设计如何优秀，如果没能找到合适的面辅料，设计师会立刻感到挫败感，甚至有一种绝望的感觉，相反，当碰到了理想的面辅料，就会信心倍增，有些设计师在看到面辅料之后才产生创作灵感。这在设计研究过程中也是不可回避的一个问题。

作为引领潮流的鞋履设计，不仅要在流行概念和设计上为企业和设计师提供可靠有效的信息，还要为企业和设计师提供可以配合设计的面料方面的流行信息，增强设计的可操作性，避免设计流于形式和表面。

reminder

注意：
面辅料的流行趋势一般比产品流行趋势提前半年发布，面辅料的流行在很大程度上引导着鞋履的流行趋势。所以鞋履设计师会常去面辅料展会上寻找设计的灵感，积累供应商资源。

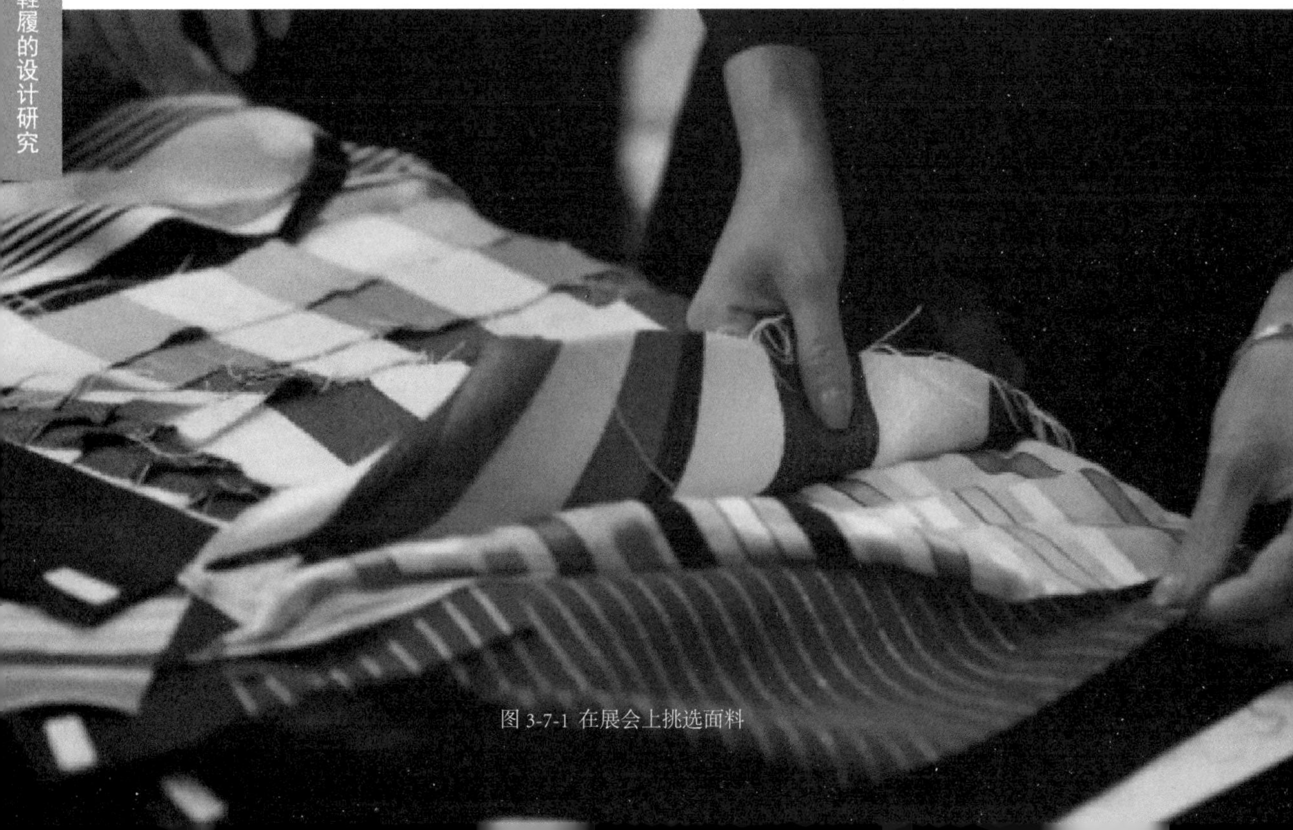

图 3-7-1 在展会上挑选面料

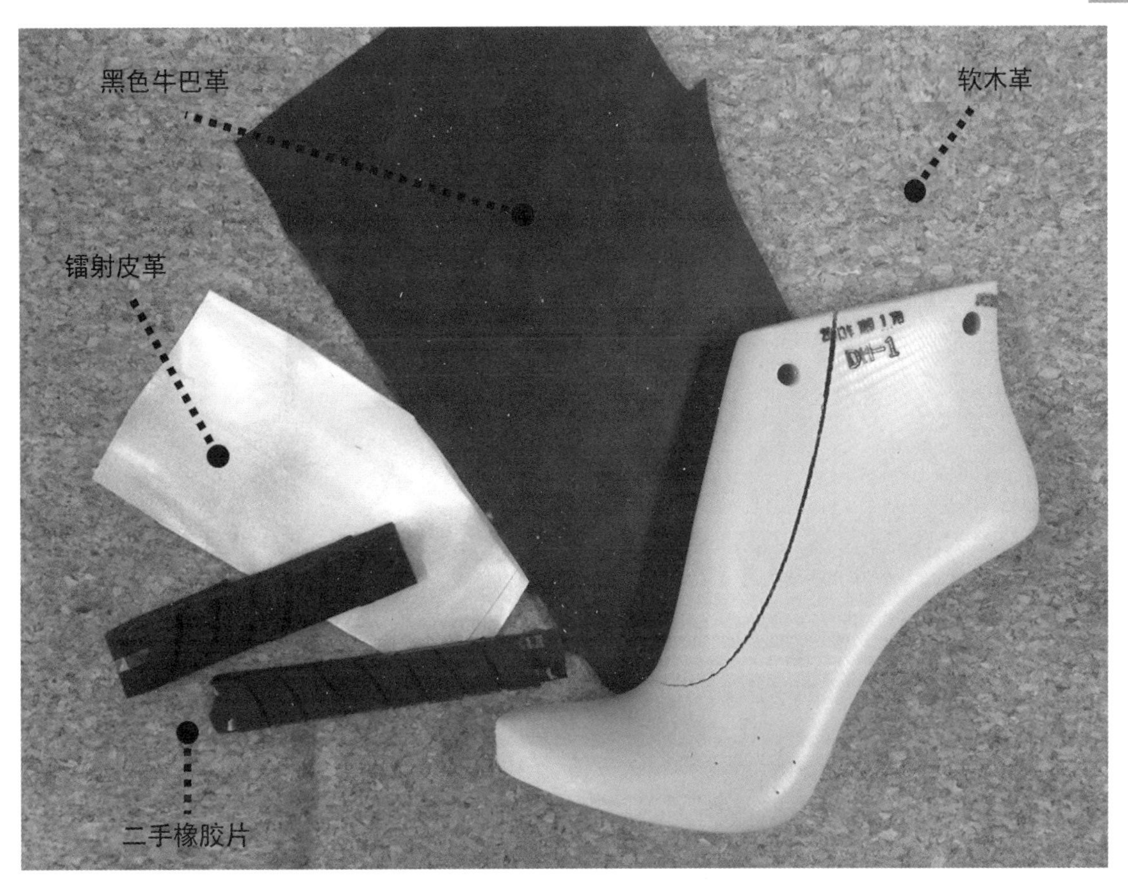

由于产业发展的需要，在我国广州、温州、福建等地已经形成了庞大完善的辅料市场，这些市场称为“永不落幕”的展览会。在市场发展需求的驱动下，面辅料供应商都在不断地开发新产品，这些新产品往往能够给设计师提供意想不到的设计灵感。因此，在产品开发工作开始前，定期到这些市场进行信息收集是设计师非常重要的工作内容。

如图 3-7-1 所示，鞋履设计师在展会上挑选面料；图 3-7-2 所示，设计师根据设计效果图确定了相对应的面辅料。

图 3-7-2 基于设计效果图确定面辅料（作者：赵舟旭）

第八节 提炼形态要素

形态要素指在一个鞋履设计系列中基本的造型特征。形态要素提炼是鞋履设计的重要环节，也是其后设计展开的根据、基础与骨架。

对鞋履设计来说，鞋子的形态包括了内腔的楦型，也包括了外部叠加后的视觉轮廓和细节，这些都对鞋履设计开发有非常重要的作用。

每次发布会上，设计师总在思考如何使自己推出的外形能让消费者理解和喜欢，能引领潮流。外形有直线的和曲线的，可以说几乎所有的外形过去都曾经有过，甚至有些都有相应的名称，正如第二章里介绍的那样。所以，如何在特定的主题下开发好的造型特征，创新视觉记忆点成为鞋履设计重要一环，如图 3-8-1、图 3-8-2 所示。

注意：

形态要素来源要求与主题相符，设计师可通过修饰、简化、夸张等原理提炼形态要素。一般来说男鞋较女鞋形态变化较小，一些小小的变化都可能引起整体风格的变化。

形态提炼1-	灵感图片 关键字	形态提炼线性	灵感图片 关键字	形态提炼线性
形态提炼2-	灵感图片 关键字	形态提炼线性	灵感图片 关键字	形态提炼线性
形态提炼3-	灵感图片 关键字	形态提炼线性	灵感图片 关键字	形态提炼线性
形态提炼N	灵感图片 关键字	形态提炼线性	灵感图片 关键字	形态提炼线性

图 3-8-1 选取形态要素记录表格

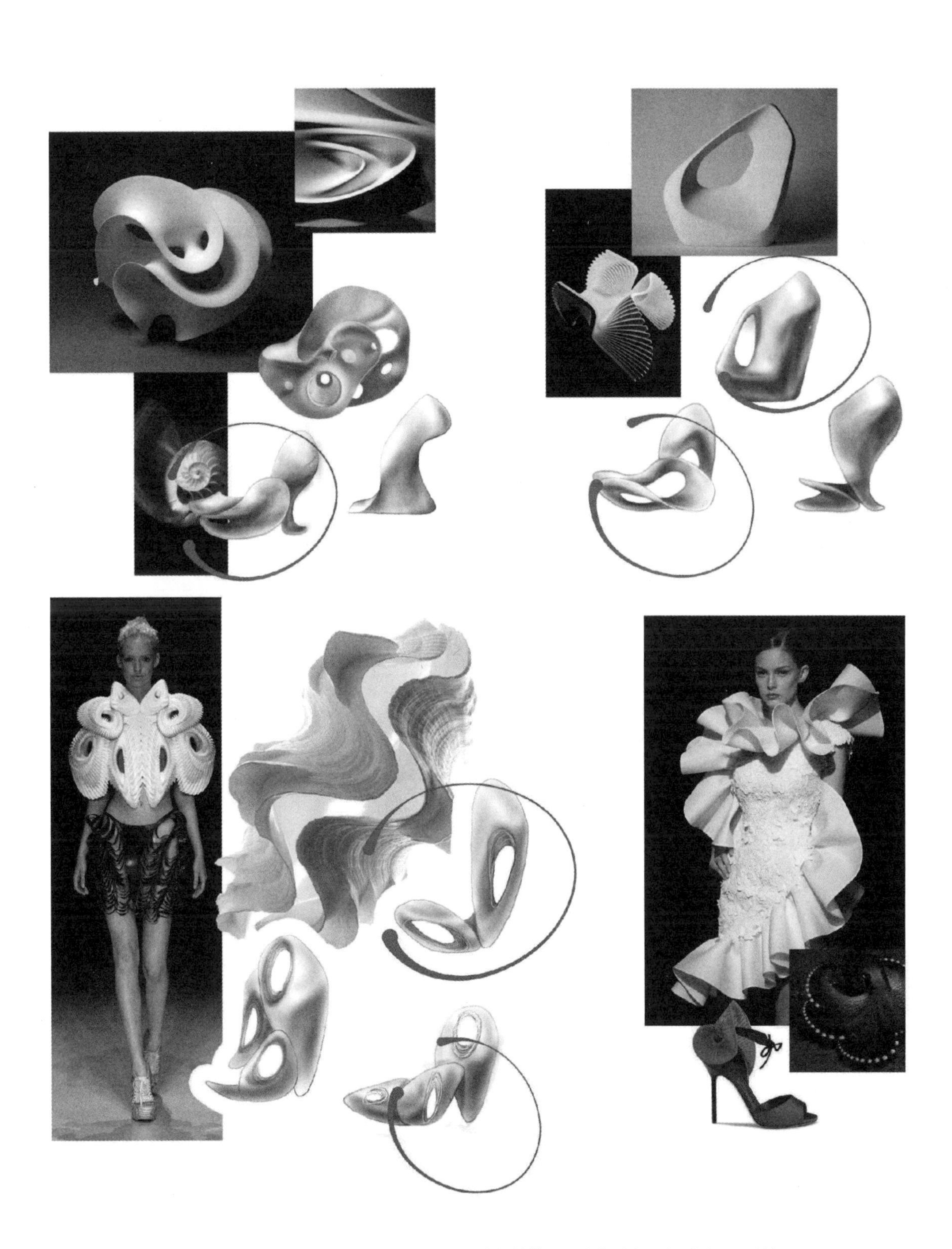

图 3-8-2 从有机形态与秀场服装中提炼鞋履设计的形态要素 (作者: 王琦怡)

第九节 架构产品系列

产品架构的主要内容是要确定本季要开发的系列产品层次。产品架构的确定对于设计工作的分工、加工商和供应商的选择以及销售分类等都有指导性的作用。在设计的过程中往往追求在成本可控的范围内，让产品看起来更加丰富、饱满。

产品架构的确定可以分为几个层次：第一层是产品风格、季节、性别等信息；第二层次是关于消费者的年龄、地区、价位区间等信息；第三层是关于时尚产品特有的构建要素，以鞋为例则是楦型、底跟、材料、跟高、工艺等信息。

根据公司规模的大小、开发重点、生产能力等因素，各品牌生产的产品种类和数量都不相同，在产品进行设计开发前务必要根据自身情况确定系列产品的构架。所谓产品构架就是一段时间内所要设计开发的产品系列、产品种类、产品数量、比例、面辅料应用等内容。产品架构可以根据消费者性别、产品材料、跟高、风格等因素确定。只要符合本品牌产品开发的特征，都可以作为确定产品构架的理由，如图 3-9-1、图 3-9-2 所示。

XX年 XX季度 XX主题 -XXX系列 产品架构

主题名称			系列名称	
针对的人群			产品卖点	

款图全览
（请在此处用拼贴的方式展现产品规划中大致的款图全貌）

序号	名称	产品图例	形状					装饰/细节	面料与配色			价格
			鞋面	鞋跟		鞋底	鞋头		鞋面	鞋里	鞋底	
				跟形	跟高							
1		范例图片+关键文字	范例图片 + 关键文字	范例图片 + 关键文字	范例图片 + 关键文字	范例图片 + 关键文字	范例图片 + 关键文字	范例图片 + 关键文字	小样 + 关键文字	小样 + 关键文字	小样 + 关键文字	文字
2		范例图片+关键文字	范例图片 + 关键文字	范例图片 + 关键文字	范例图片 + 关键文字	范例图片 + 关键文字	范例图片 + 关键文字	范例图片 + 关键文字	小样 + 关键文字	小样 + 关键文字	小样 + 关键文字	文字
3		范例图片+关键文字	范例图片 + 关键文字	范例图片 + 关键文字	范例图片 + 关键文字	范例图片 + 关键文字	范例图片 + 关键文字	范例图片 + 关键文字	小样 + 关键文字	小样 + 关键文字	小样 + 关键文字	文字
4		范例图片+关键文字	范例图片 + 关键文字	范例图片 + 关键文字	范例图片 + 关键文字	范例图片 + 关键文字	范例图片 + 关键文字	范例图片 + 关键文字	小样 + 关键文字	小样 + 关键文字	小样 + 关键文字	文字
……		范例图片+关键文字	范例图片 + 关键文字	范例图片 + 关键文字	范例图片 + 关键文字	范例图片 + 关键文字	范例图片 + 关键文字	范例图片 + 关键文字	小样 + 关键文字	小样 + 关键文字	小样 + 关键文字	文字

图 3-9-1 产品系列架构框架图

图 3-9-2 UnitedNude 鞋履系列产品一览

第四章 鞋履设计构思

鞋履设计构思是系统性的思维活动。从鞋履设计的角度来讲，就是开始实施设计，即深入考虑如何从功能、材料、细节和工艺等方面实现鞋履设计的构思。

这一过程要求设计师基于开发目标开拓设计思路，通过快速的手绘草图勾勒出设计想法，并将搜集的灵感图片、设计草图、材料小样等素材通过剪贴、复制、拷贝、编辑到作品集中，形成完整的开发过程。

第一节 功能的设计

人们购买鞋履时都具有一定的目的，如果鞋履设计能够在一开始就满足客户的需求，可能会大大增加销售的数量以及客户的满意程度，特别是那些对于功能性要求更高的鞋履类型。鞋的功能性是鞋履设计的先决条件。如果不考虑功能性，单纯在鞋履造型设计上花功夫，必定是事倍功半，不能有长远地发展。

01- 实用功能

实用功能就是鞋最基本的使用价值，要求鞋穿着轻松舒适，便于劳动和生活，适应一定的场合和季节需要。鞋的功能有防寒护足、保温散热、适应环境、适应特定人群的工作条件、适应相关人群的生活方式、适应指定年龄和职业的要求，所有各种因素都强调“实用”这个功能。

“多走路”作为国内首家专业健步鞋品牌，其怀着对生活的热爱，坚持分享、乐趣、关爱的理念，将所有促成舒适的元素融入产品，致力于为消费者带来如同月球漫步般极致舒适的行走体验，旨在创造一切健康行走的条件，如图 4-1-1 所示。

图 4-1-1 多走路，极致的行走体验

02- 美观功能

审美功能性强调鞋的美，包括造型美、结构美、工艺美，以及材料和色彩美。United Nude(UN) 品牌鞋履造型简洁，却有很多超现代风格的创新细节，拥有将建筑美感融入到鞋履当中形成的特殊魅力，如图 4-1-2 所示。

图 4-1-2 United Nude(UN) 品牌鞋履

图 4-1-3 Ecco 品牌鞋履赋予的表现功能

03- 表现功能

鞋履设计要能适应一定的社会环境、一定的风俗习惯和民族特色，显示人的社会地位、身份和文化修养，并有适应一定社会活动的功能，适合穿着者的年龄、脚型、性格等特征。

Ecco 作为世界三大休闲鞋履品牌之一，成功源于经典北欧设计、优质皮革、不断创新的技术水平以及“鞋必须遵循双足”的设计理念，力求将舒适与风格完美结合，很好地体现了中上消费者对于品质的追求和身份表现要求，如图 4-1-3 所示。

04- 经济功能

鞋不但要美观，还要注意耐穿、易保养，以及材料和人工的合理耗用，同时要考虑销售地区的购买水平因素。鞋的生产销售要在市场竞争中取胜，更需要讲成本、讲效率、讲经济效益。

中国知名鞋履品牌天美意潮品采用设计众筹方式获成功，由 9 位草根设计师纯原创的鞋稿作品成功众筹 1315 份，累计金额达 603285 元，而这些鞋款借助百丽集团全球领先的生产力迅速投产，并以最快的速度送达至消费者手中，如图 4-1-4 所示东华大学学生参与此大赛，进入设计众筹环节。

图 4-1-4 天美意潮品众筹宣传页面

第二节 鞋楦的设计

鞋型由鞋楦的造型决定，鞋楦是鞋的“核心”，也是“灵魂”，它决定了鞋型与鞋的舒适性，一双完美的鞋楦不仅仅取决于它是否合脚、是否舒适，还要看它是否优美，曲线是否流畅。鞋楦的设计涉及医学、力学、工艺学及美学等多种学科，所以说鞋楦设计好的话，就相当于鞋履的设计已经成功了一半。

01- 鞋楦设计的要点

鞋楦的设计首先要参考脚型的数据而来，但作为设计师还需要在鞋楦设计中考虑如下要点：

> 鞋头的形状

你希望设计一个怎样的鞋型——肥的、瘦的、尖的、圆的？

> 楦鞋跟的高度

一般不含防水台的增高量，指从鞋楦后部底平面到鞋跟后部的垂直距离。鞋跟的高度影响着设计的风格、穿着的舒适性等关键性指标。

02- 鞋楦设计的原则

①以正常人的脚型规律及相关数据为依据，确定楦体的跷度、长度、宽度、高度、厚度以及各部位围度的尺寸；

②楦体造型必须符合制鞋工艺的要求和需要，根据鞋的品种、式样确定楦体的造型；

③必须将科学性和审美性有机统一；

④楦体造型必须符合流行趋势。

reminder

注意：
鞋楦的设计其实是个复杂工程，脚型数据结合美化处理、加上舒适性空间的布局都很重要。

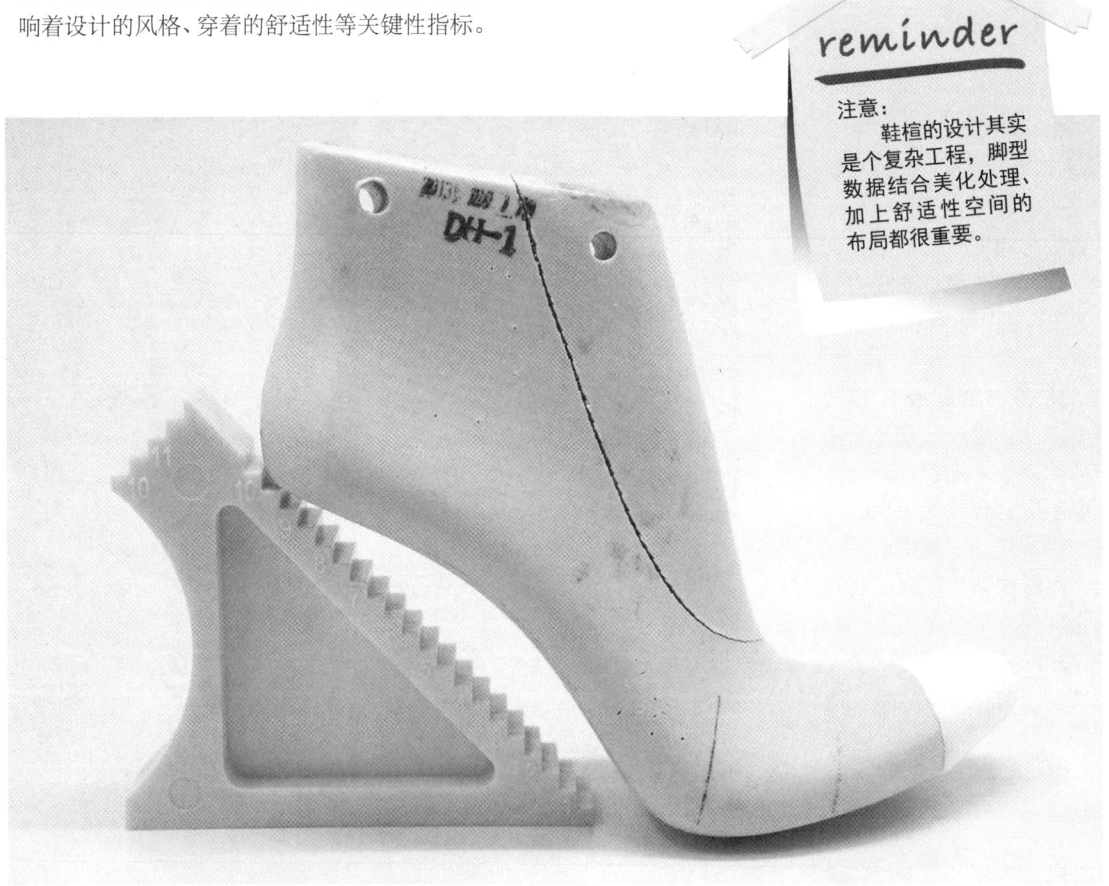

图 4-2-1 鞋楦头型的设计和修改草模（作者：张艺涵）

03- 鞋楦开发的流程

鞋楦的设计是一个复杂的过程，对于鞋履设计师来说往往都是采用和鞋楦生产厂家合作的形式来完成鞋楦设计和开发的过程，主要流程如下：

①鞋履设计师通过提供图纸、图片、样鞋或参考楦等形式将鞋楦设计的构思提交给鞋楦生产厂家；

②鞋楦厂家通过沟通了解设计师的设计想法后，找到或者制作出和设计师构思一致的样楦；

③鞋履设计师拿到样楦后，进行试楦（即用此楦做一双基本款的鞋让标准脚型的用户试穿），随后将楦型中肉体分布的不合理处、线条视觉的不美观处等信息反馈给鞋楦生产厂家进行修改；

④鞋楦生产厂家修改后再和鞋履设计师，这样反复数次，直至确认通过。

详见图 4-2-1 ～图 4-2-3。

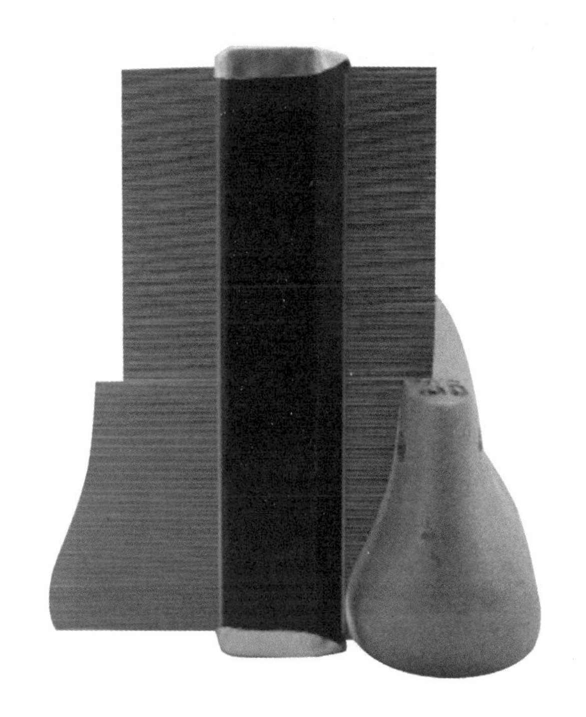

图 4-2-2 鞋跟后跟肉体分布的设计

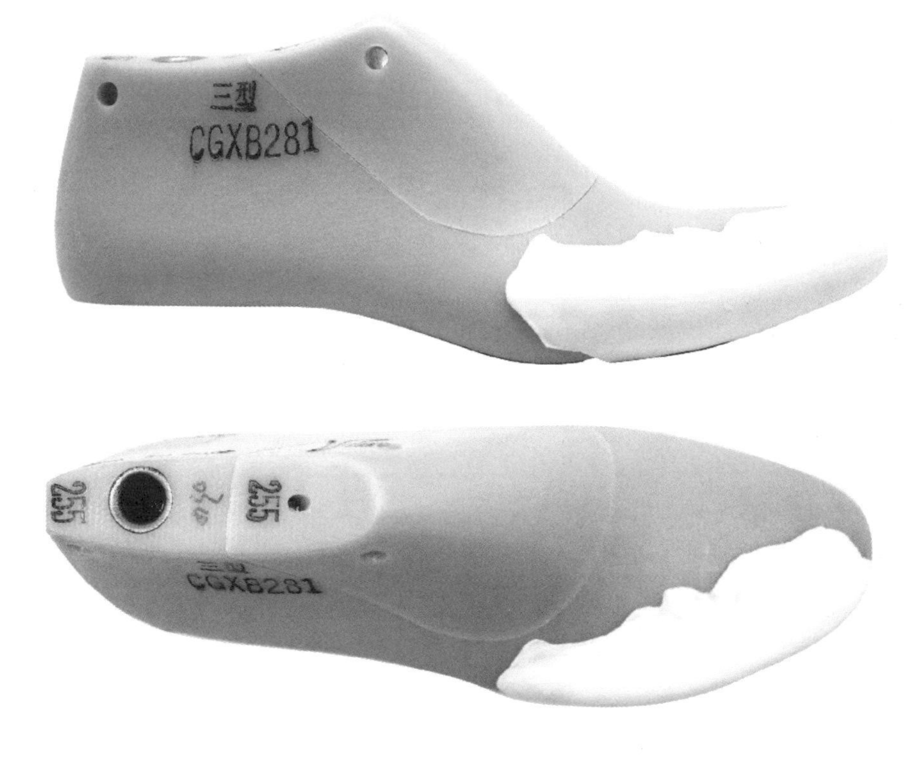

图 4-2-3 鞋楦鞋头侧身线条设计和修改草模（作者：朱振国）

第三节 鞋底的设计

鞋底设计是整体鞋履设计中最难的部分之一。对于鞋履设计师来说往往都是采用和生产厂家工艺师合作的形式来完成鞋底的设计和开发，在设计时设计师不仅需要考虑到材料、效果，还需要重点考虑底花的设计。

鞋底的设计是工程的设计，涉及到模具开发，过程相对比较复杂。

主要流程如下：

①鞋履设计师通过提供图纸、图片、样鞋或参考底型等形式将大底设计的构思提交给生产厂家；

②鞋底生产厂家通过和设计师的沟通了解设计师的设计想法后，找到或者制作出和设计师构思一致的代木鞋底初样；

③鞋履设计师拿到鞋底初样后，将修改意见用笔画在需要修改的地方或直接更改图纸反馈给生产厂家进行修改；

④鞋底生产厂家修改后再和鞋履设计师沟通，这样反复数次，直至确认通过，开模具生产。

详情见图 4-3-1 ～图 4-3-3。

图 4-3-1 鞋底设计的实物（作者：陈龄童）

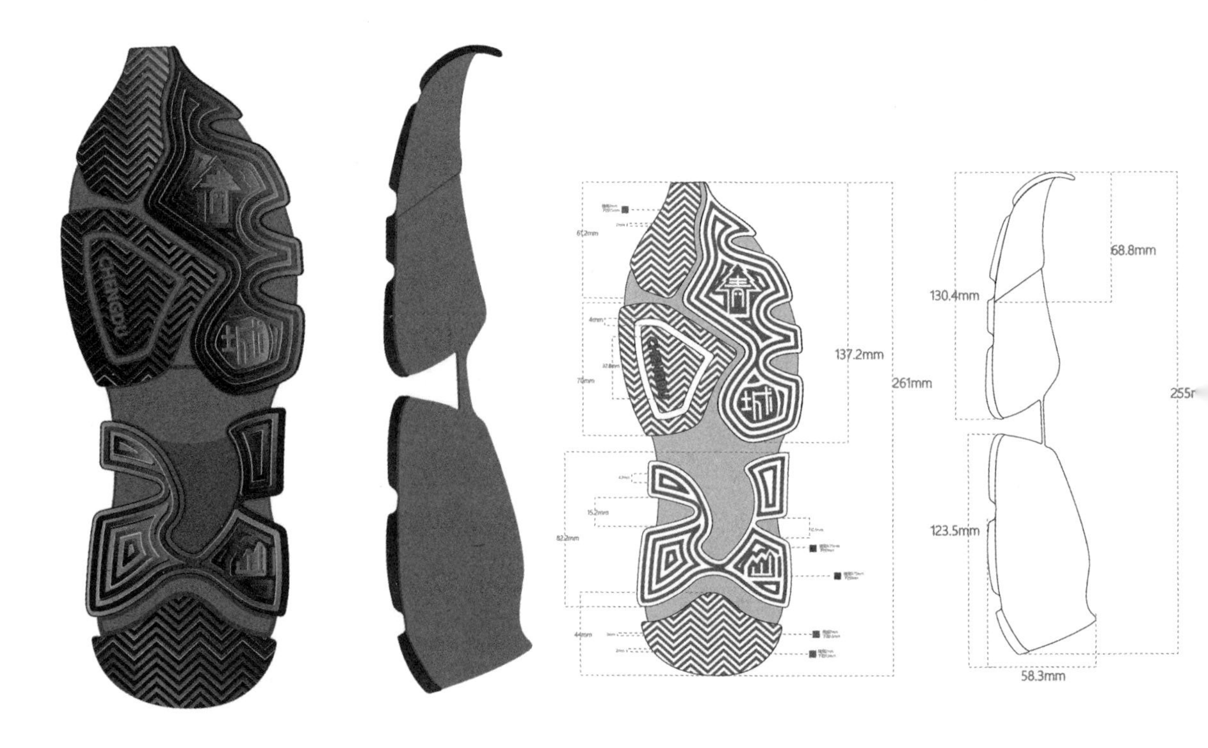

图 4-3-2 鞋底设计的效果图和三视图（作者：陈龄童）

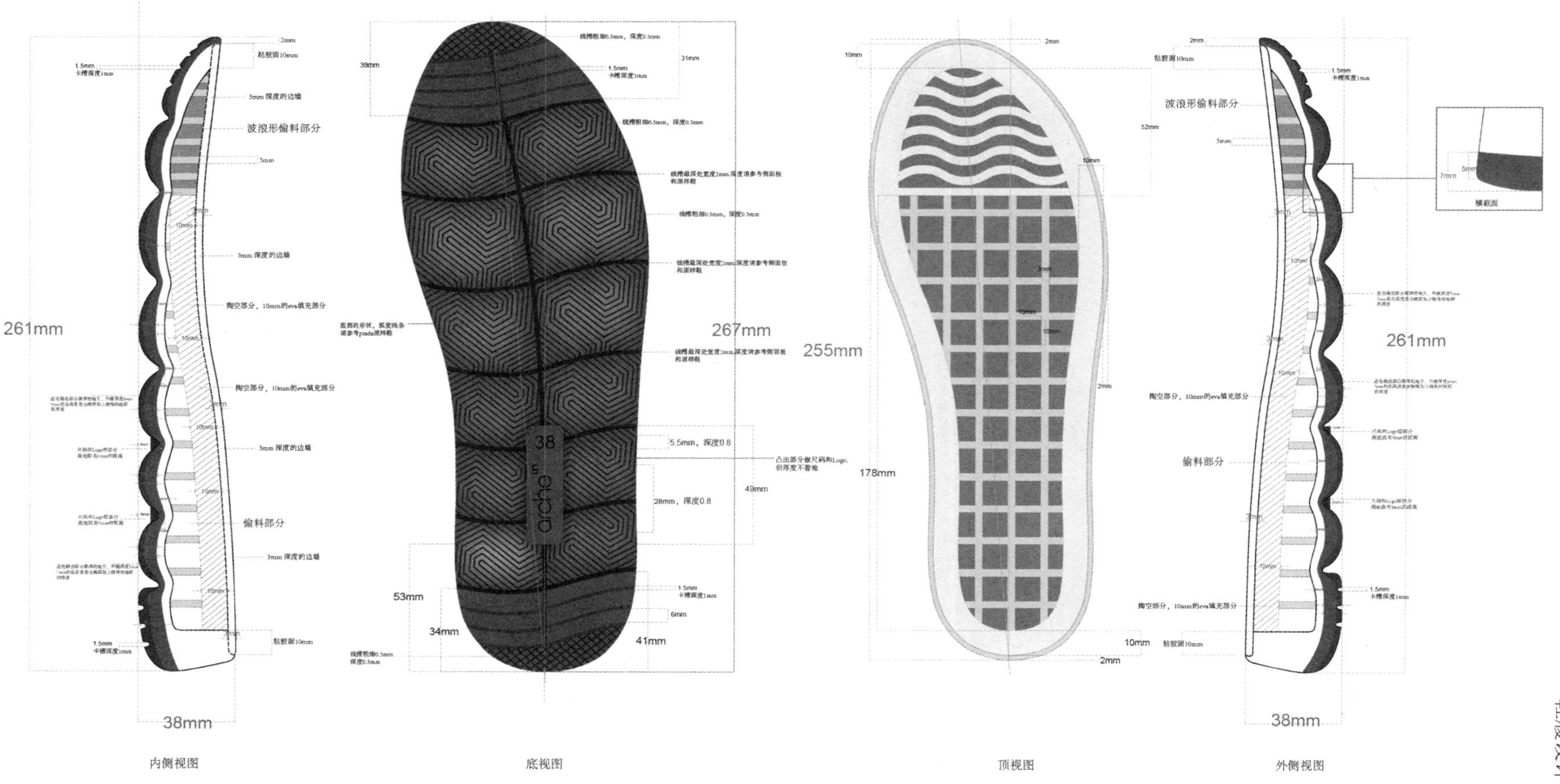

图 4-3-3 雅氏品牌（achette）鞋底径视图

第四节 鞋跟的设计

在鞋履设计过程中，鞋跟设计在设计视觉上占有较大比重，设计时需要考虑鞋跟形状和材料选择，经常有设计师采用非常激进的鞋跟造型博取人们的眼球，其他部分则进行简单处理。

鞋跟的设计是工程和艺术性相结合的设计，主要包括鞋跟的形状、材质和表面效果等。

主要流程如下：

①鞋履设计师通过提供鞋楦、设计稿、参考图片等形式将跟形设计的构思提交给鞋跟生产厂；

②如果是常规跟形，鞋跟生产厂家则可以根据鞋跟高度、鞋跟材质和表现效果在现有鞋跟中进行配跟；如果是非常规跟形，鞋跟生产厂家则需要根据设计师的想法制作出代木或3D打印鞋跟初样；

③鞋履设计师拿到跟形初样后，将修改的意见用笔画在需要修改的地方或直接更改图纸反馈给鞋跟生产厂家进行修改；

④鞋跟生产厂家修改后再和鞋履设计师沟通如此反复数次，直至确认通过，开模具生产。

鞋跟形状从纤细瘦高型的酒杯跟到天马行空的楔形跟，它标志着且反映了设计主题，影响着鞋的整体平衡。

鞋跟的材料也反映了设计的主题，随着技术的进步，很多新材料也被用于鞋跟中。

鞋跟的表面处理也是关键的一步，在鞋跟上可以通过电镀、镶嵌、喷漆、激光镭射，转印、贴图等形式进行装饰。

详见图 4-4-1 ～图 4-4-3 所示不同造型和材料的鞋跟设计。

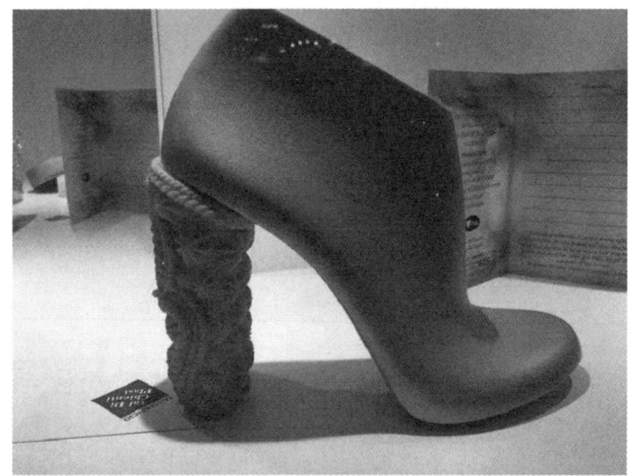

图 4-4-1 不同造型、不同材质的鞋跟设计实物

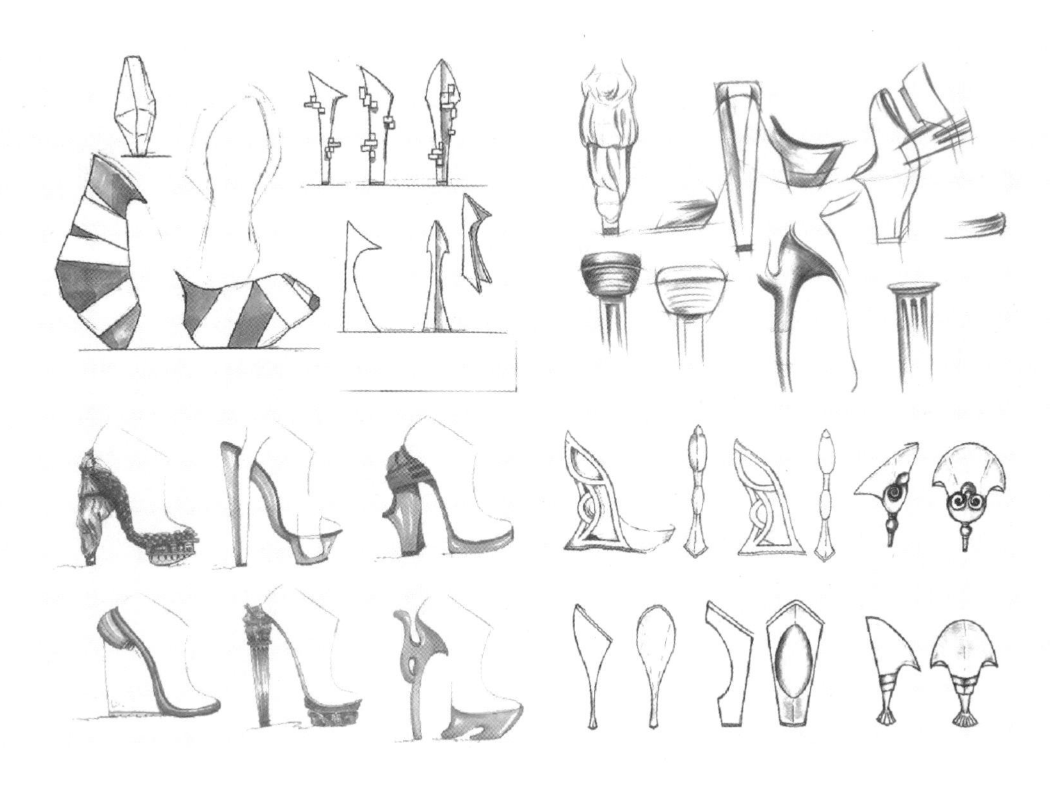

图 4-4-2 时尚鞋履鞋跟设计 1（作者：张艺涵、陈丹萍、玛莎）

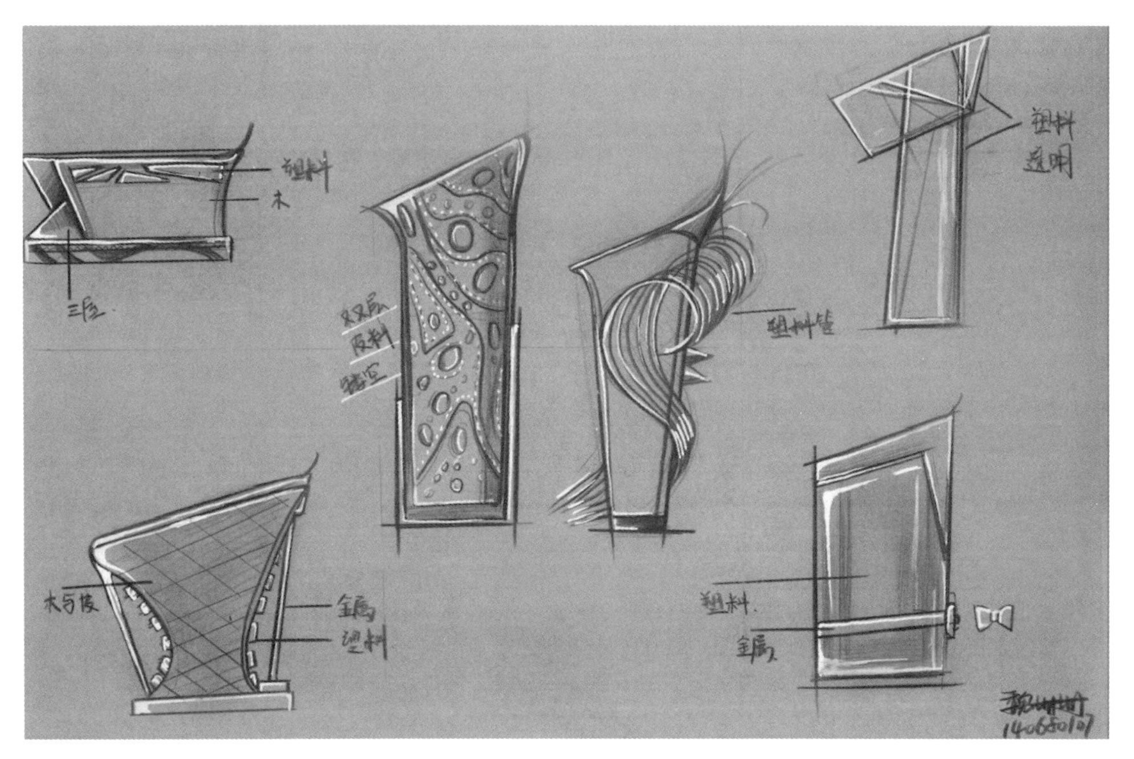

图 4-4-3 时尚鞋履鞋跟设计 2（作者：魏姗姗）

第五节 鞋帮的设计

在确定楦型以后就可以依照选定的楦型进行鞋帮设计。鞋帮是鞋履设计中可视面积最大部分，这里是设计师最大限度发挥创意的部分。鞋帮设计构思的方法很多，包括快速构思演变法、细节分离法、立构法等。

要设计出式样新颖、适销对路、受消费者欢迎的鞋履，有如下基本要求：

> 按照脚型规律进行设计

①按照脚型规律确定帮样各部位的合理比例；

②须注意设计尺寸与成鞋实际尺寸的变化关系；

③关注鞋楦形态与帮样线条的关系。

> 设计产品适销对路满足市场需求（季节、消费者的需求）

①鞋履设计季节性强，一般都提前半年或者一年开始设计，满足市场季节需要；

②鞋履产品的式样和风格要多样化，以适应社会各个层面消费者的需要；

③鞋履设计要创新，满足消费者不断提高的物质生活需要。

reminder

注意：

通过真空吸塑机将热塑模板吸塑成鞋楦造型一样的楦壳，然后在楦壳上的绘制鞋款，如图 4-5-1 所示。

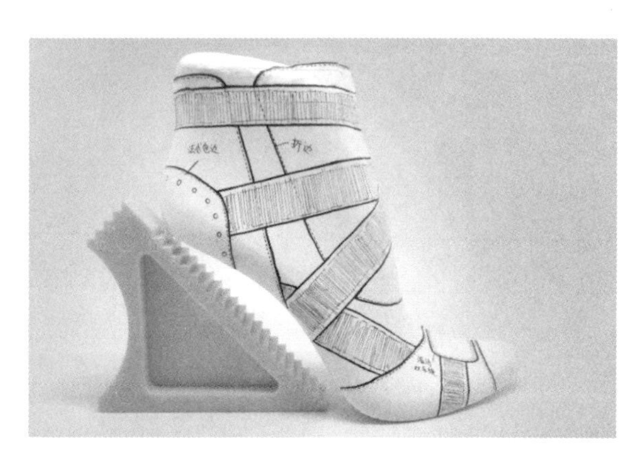

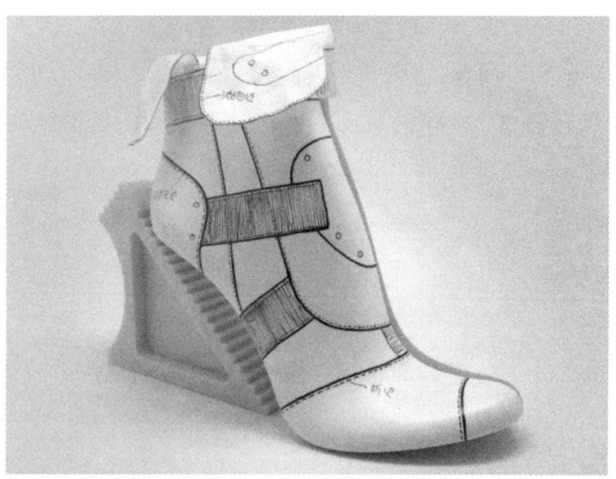

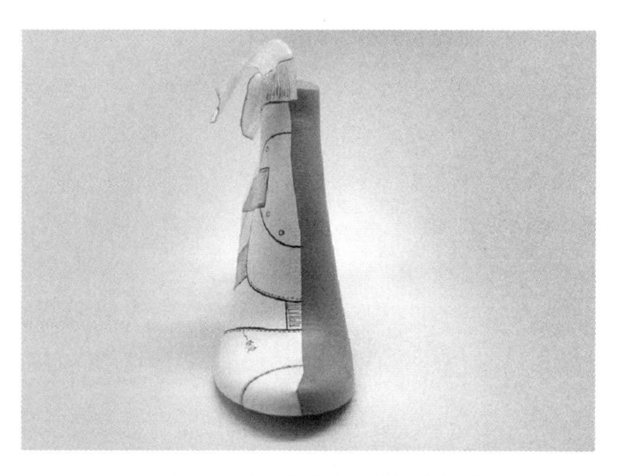

图 4-5-1 在吸塑楦壳上进行鞋帮面设计
（作者：张艺涵）

> 帮面设计常用的方法

①快速构思演变法

这是一种能够帮助你把选取的参考材料发散性地运用到鞋履设计中去的一种快速构思方法，帮助你将选取素材创造性地提炼为鞋履的多种应用可能。

②细节分离法

细节分离法是一种要求着眼于灵感图中的某个细节，并转化运用到鞋履设计中去的一个方法。

③立构法

类似服装的立体裁剪，帮你摆脱图画中二维的思维定势，能为作品带来不同凡响的设计构思。

④拼贴法

把图形不合常理地搭配起来能获得生动而有趣的结果，有助于作品的创作。

⑤ 2D-3D 转化法

通过 2D-3D 不断转换而形成的一种有趣的方法，可以帮助设计师在设计构思的过程中摆脱平面和立体之间的转换局限。

如图 4-5-2、图 4-5-3 所示。

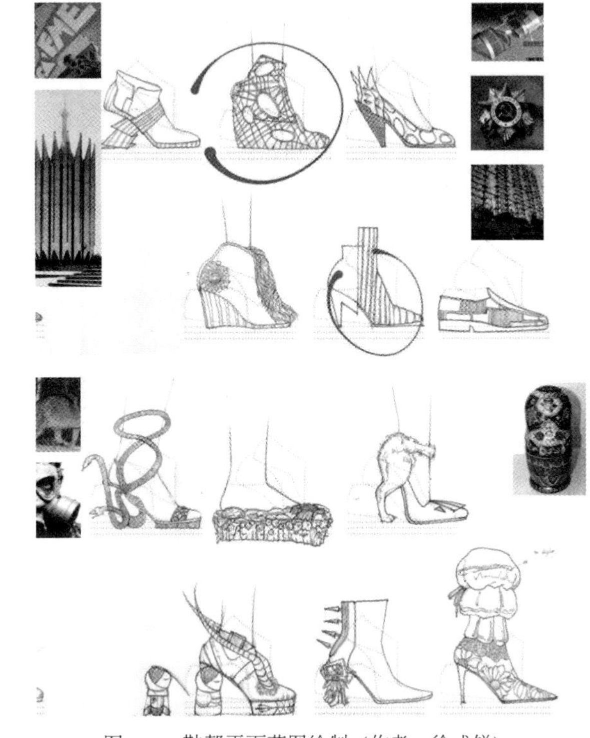

图 4-5-2 鞋帮平面草图绘制（作者：徐成锐）

图 4-5-3 在吸塑楦壳上进行系列鞋帮设计（作者：李晓琴）

第六节 面辅料的设计

鞋履面辅料选取非常广泛。通常情况采用皮料，但这并不是唯一的选择，鞋履设计时要根据主题要求找到色彩和肌理合乎心意的用料。为了能在设计中呈现新的思路，面辅料的设计和选择相当关键，做些材料试验也非常必要。

图 4-6-1 皮革处理所需工具

reminder

注意：

通过不同的表面处理工艺对面辅料进行改造，能够更好地展现设计的创意和价值，也是设计原创性的重要表现形式。

一方面可用多种不同方式巧妙地处理皮革，如直接在上面绘制图案、弄湿后让它发霉、染色、灼烧等，详见图 4-6-1～图 4-6-3。

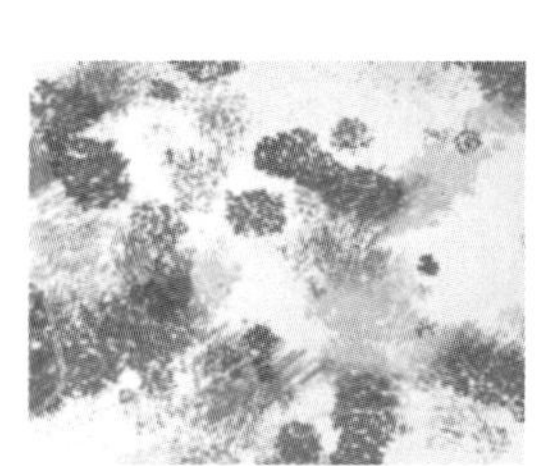

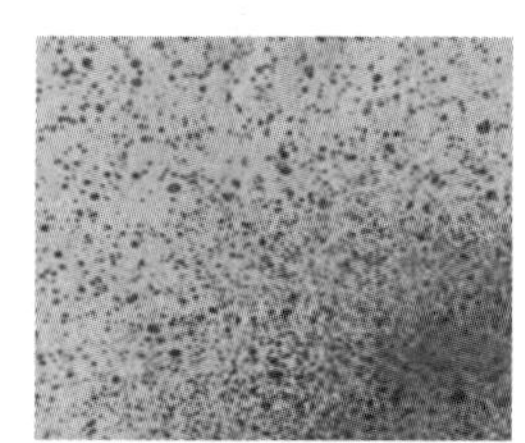

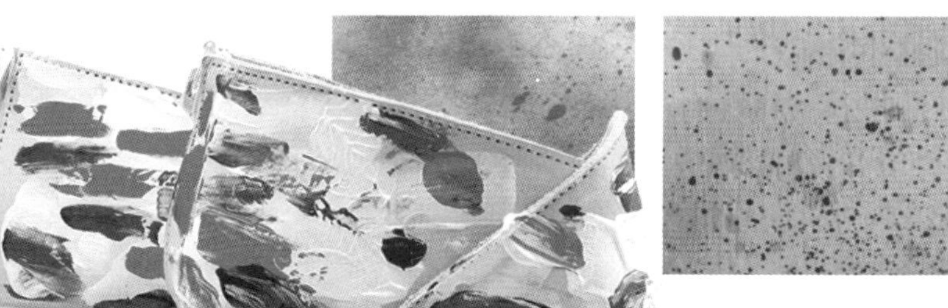

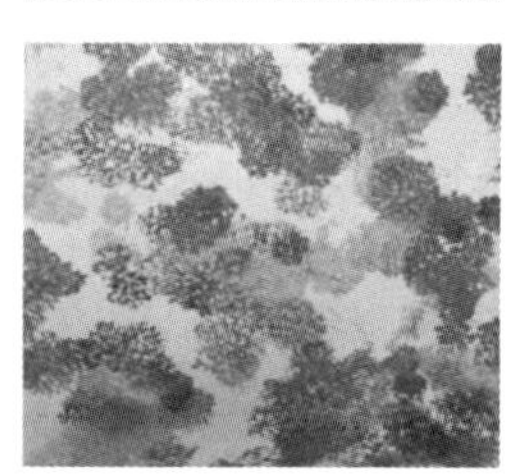

图 4-6-2 对皮革表面进行颜料的喷溅、压印处理

图 4-6-3 时尚女鞋“七彩律动”（作者：王依宣）

图 4-6-4 时尚女鞋“流星雨”材质展示

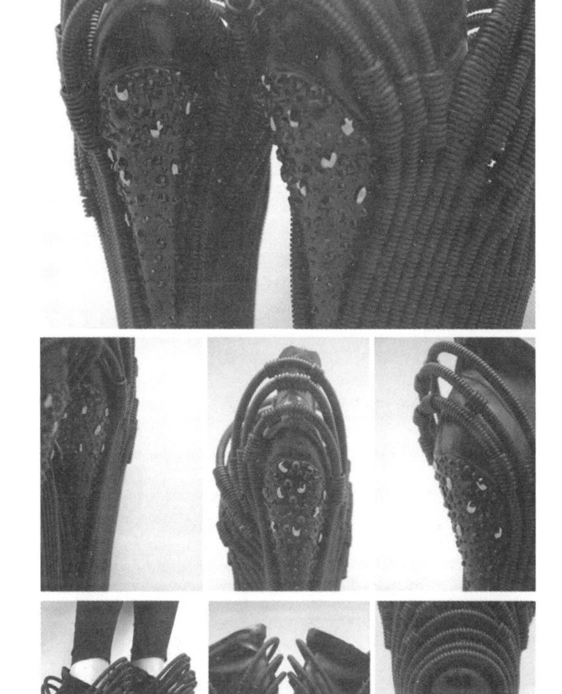

图 4-6-5 时尚女鞋“流星雨”细节展示

另一方面，跨界使用很多不常在鞋履中使用的材料同样也能获得启发。如五金店材料市场就是新材料的宝库，很多建筑材料，包括绝缘胶带、壁纸和地板材料等也许都能在代替传统皮革材料中提供意想不到的新方向和思路，如图 4-6-4 ～图 4-6-6 所示。

图 4-6-6 时尚女鞋“流星雨”（作者：刘轩成）

第七节 细节和工艺的设计

如果说鞋履的基本外形是鞋履的骨架，那么细节和工艺就是鞋履的血肉。所有的外形都依靠工艺和细节支撑，也是鞋履等级和档次的关键性指标。

01- 细节的设计

细节设计一方面对提升鞋履设计质感起到重要作用，特别是那些用户不太关注的细节，比如鞋履的衬里、贴托等；另一方面起到了鞋履设计中画龙点睛的作用，特别是那些容易被设计师忽略的细节，比如针脚、配件等。

图 4-7-1 Acne Studios 运动鞋衬里添加品牌标识

衬里：衬里是贴合在鞋面材料背面的材料。设计师比较多关注鞋履的外在设计，常常忽略了内在的衬里。设计师可以通过衬里的图案、颜色、材质、互动设计来增加产品的质感，如图 4-7-1 所示。

图 4-7-2 Nike 鞋局部针脚处理

针脚：针脚就是鞋帮面车缝产生的线迹。鞋帮表面选用不同粗细、颜色、疏密的针脚都可能对鞋子的外观有较大影响，如图 4-7-2 所示。

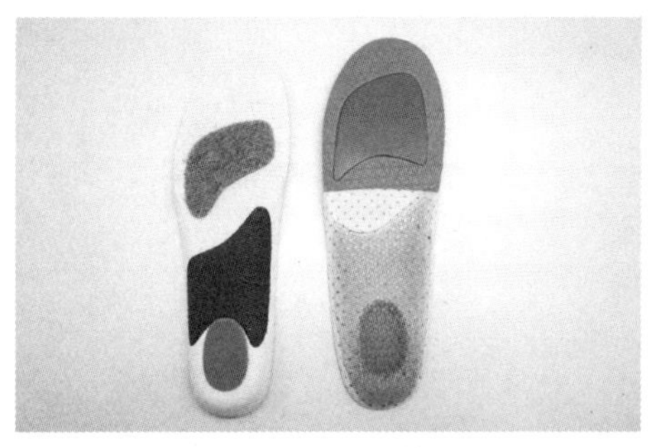

图 4-7-3 区域化分割鞋垫设计

鞋垫：鞋垫是放置于鞋子内腔大底和中底之间的垫子，大部分被鞋帮面遮住，不太起眼。但是对于鞋履设计师来说，能综合考虑鞋垫的材料、功能、工艺都将给品牌带来新的设计概念，如图 4-7-3 所示，这款鞋垫采用四种不同硬度的材料复合成型，形成运动功能性鞋垫。

图 4-7-4 MS.BAG&MR.SHOE 鞋履五金配件

配件：受到开发成本的限制，常规的扣环和紧固装置等配件一般都是从配件供应商那里直接找成品，在开发成本允许的范围内可定制一些既符合设计风格又能展示品牌特征的配件。配件的种类数量很多，配件选择时要综合考虑开发成本、设计风格、品牌识别度和最终效果，如图 4-7-4 所示。

02- 工艺的设计

随着材料科技的发展，用于鞋履设计的新材料和技术不断出现，这既为鞋履设计开发提供了大量的应用元素，也给设计师提出了更高的挑战。如何应用好新材料和新技术是每个设计人员都要思考的问题。

图 4-7-5 Nike 飞织运动鞋

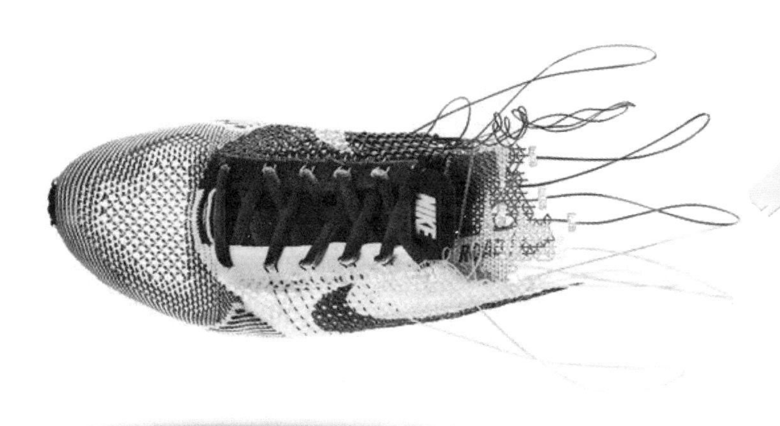

图 4-7-6 NIKE FLYKNIT 飞织工艺鞋

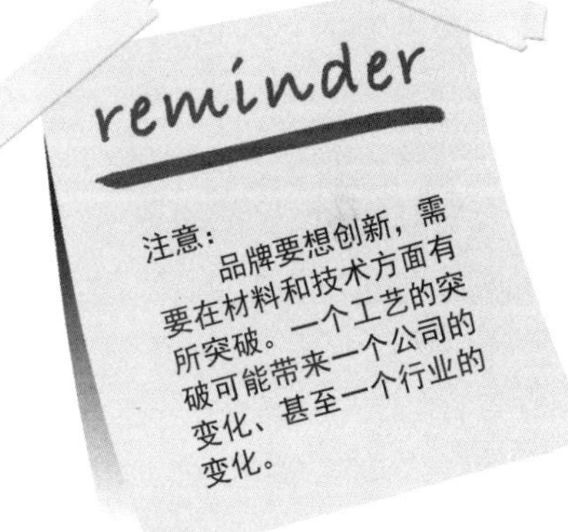

【飞织工艺】

飞织是一种工艺，一般用纱线制成，纱是纤维或长丝经过第一次加捻制成的细而长的产品，具有拉伸强度和柔软性。

FLYKNIT 是耐克推出 FLYWIRE 后的另一次鞋面飞织工艺技术的升级，虽然看起来只是将类似袜子的编织形式移植到了鞋面而已，但实际上这种新鞋面技术意味着对过去球鞋生产流程的颠覆（之前都是先采购皮料、再染色、切割等），由于鞋身几乎都是由纤维编织而成的，因此过去鞋面材料裁剪造成的浪费和不环保等得到了大大改善，如图 4-7-5 ～ 4-7-7 所示。

自 2012 年耐克首次发布具有 Flyknit 飞织技术的鞋子后，对于传说中用“一根线”来制成的球鞋一直存在争议，可谓话题不断，这也间接地让 Flyknit 的产品引起了大量关注，而现今大量的品牌都采用飞织工艺进行产品开发。

图 4-7-7 飞织工艺鞋面样片

第八节 配色的设计

配色设计在鞋履设计中占有重要的地位。了解色彩、风格赋予鞋履的视觉语言，熟知当下的色彩趋势并学会爆款鞋品的色彩分析，科学归纳鞋包色彩企划的要点，从客户、陈列、终端销售提升等方面来展开色彩设计的商业策略。

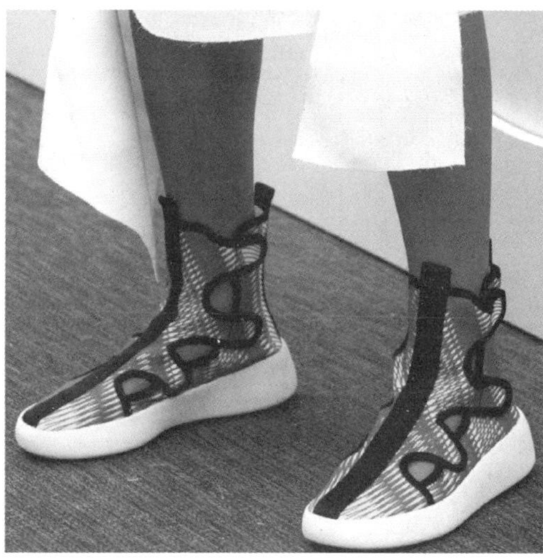

图 4-8-1 Unitednude 男士鞋履“Bo Space Mens Neon Lime”系列

> 色彩提取

使用 ID 软件的颜色主题工具可以轻松获取产品的基本配色，并且同时给出五组色相对比，如图 4-8-1 ～图 4-8-2 所示。

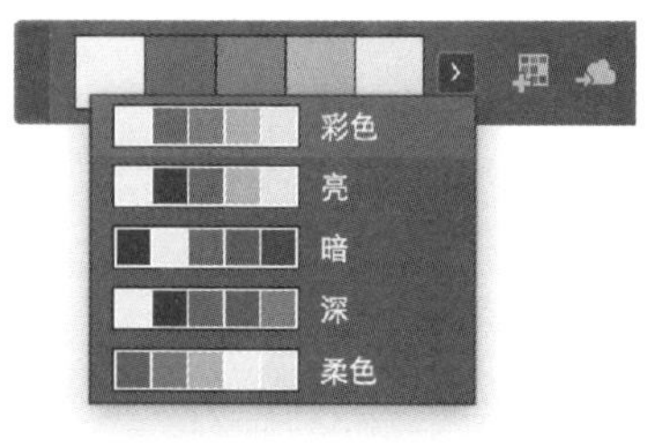

图 4-8-2 Unitednude 男士鞋履“Bo Space Mens Neon Lime”系列 配色提取

在主题范围内，提炼灵感图的色彩搭配关系，整理归纳基础色、核心色、延伸色、新晋色以及其比例关系，最终运用合理的商业思维布局在鞋履系列，吸引消费者的同时产生最大的商业价值，如图4-8-3所示。

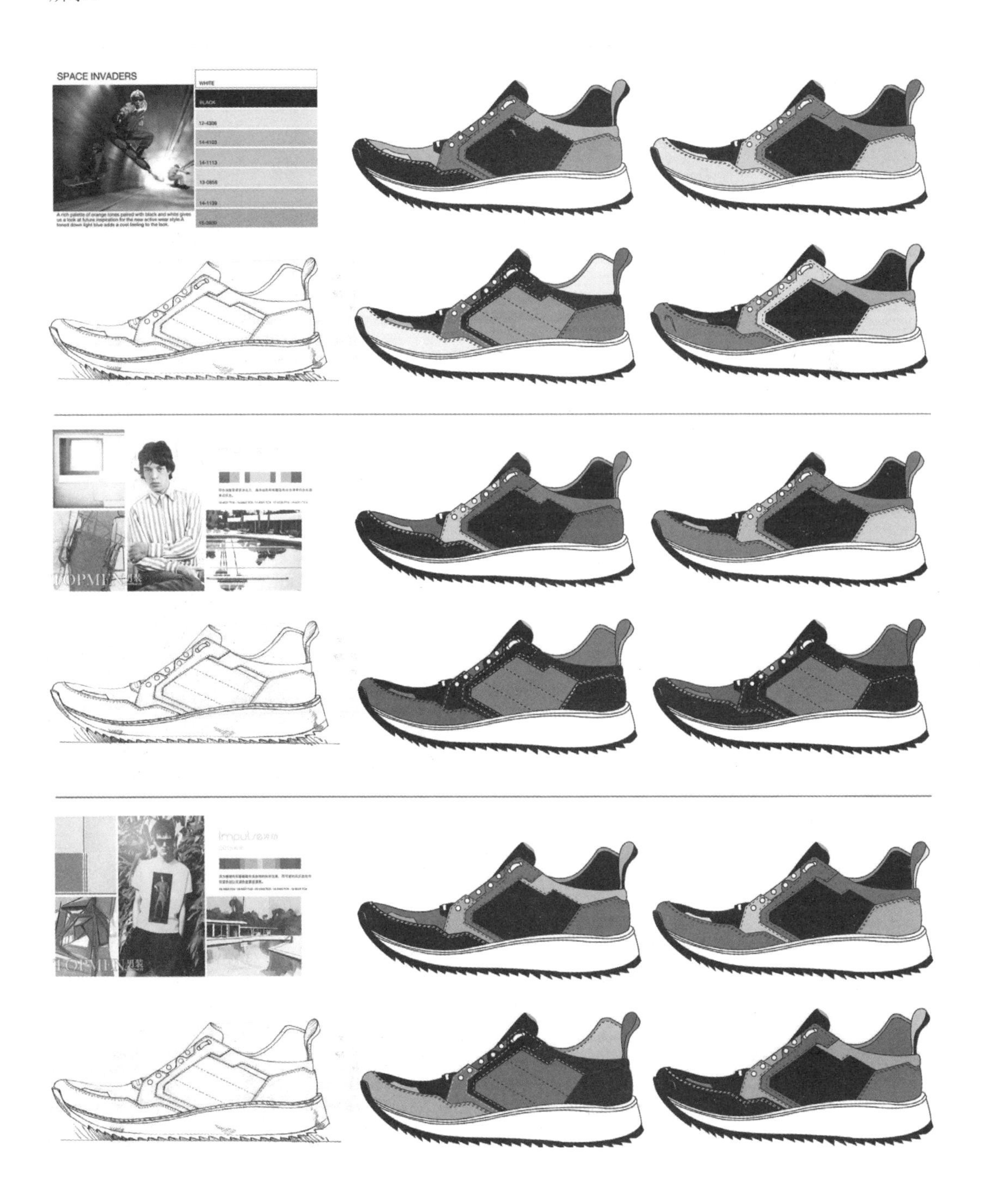

图4-8-3 运动鞋履配色设计系列方案（作者：赵舟旭）

第九节 系列的设计

鞋履的系列设计和延伸是产品展示、销售过程中一种很好的表现形式，所以我们在设计的过程中都会将产品用共同的设计元素作为纽带连接起来，使之具有相关性、统一性、差异性，系列设计的最高境界是神似而形不似。

对于鞋履大类的系列设计而言，就是通过对鞋履一些关键元素的运用来得以实现。如何将材料、工艺、色彩等要素合理使用，使之成为系列设计核心要素是鞋履系列设计所要掌握的内容。

然而对于系列设计的构思方法很多，仅单纯通过某一个要素的统一来形成系列则会显得较为机械，最佳的状态是通过多种元素的变化和统一来形成系列，才能使系列产品看起来更生动、协调，如图 4-9-1 所示。

reminder

注意：

鞋履可以通过楦型、颜色、鞋跟、设计元素、设计风格形成系列，要达到表现形式丰富，需要不断进行尝试。

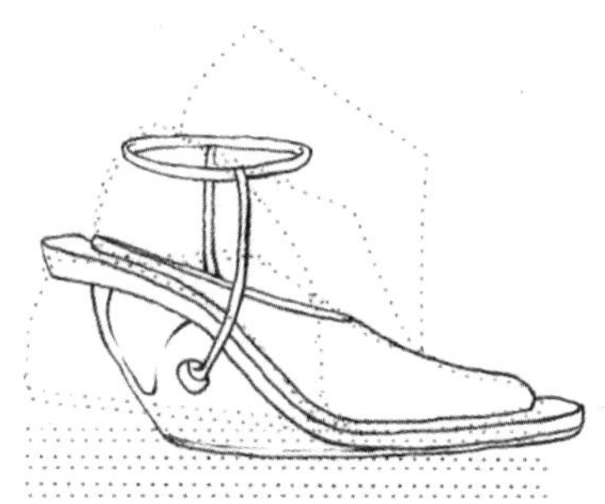
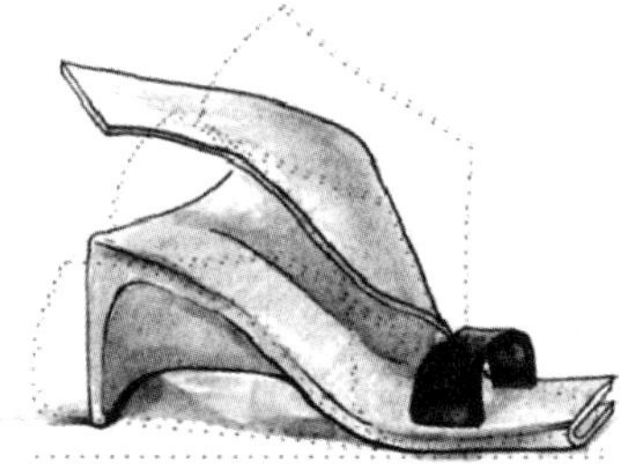

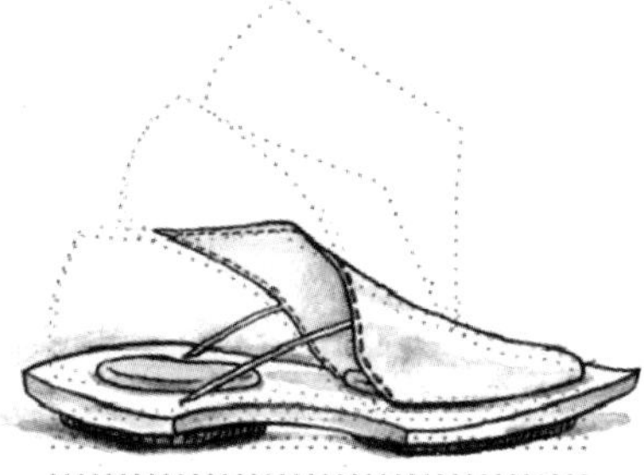

图 4-9-1 系列化设计创作草图（作者：李博涵）

图 4-9-2 赛博朋克主题鞋履灵感图

设计师郭宇的赛博朋克系列鞋履设计作品，基于赛博朋克方向的不同设计元素展开，所以三款鞋从设计外形上都不一样，但是从配色、设计风格上进行统一，形成较强的系列感，如图 4-9-2 ～ 4-9-4 所示。

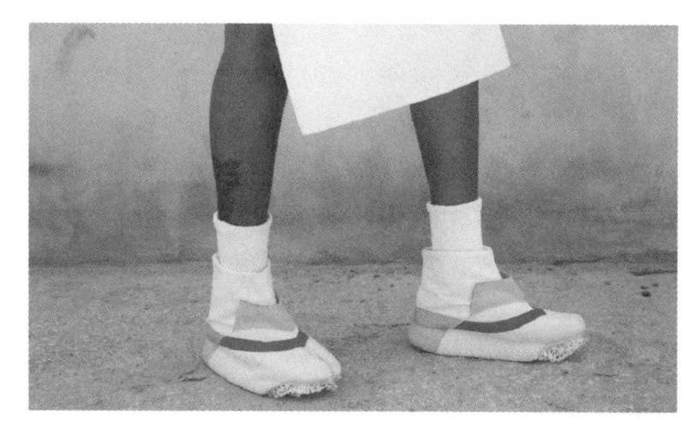

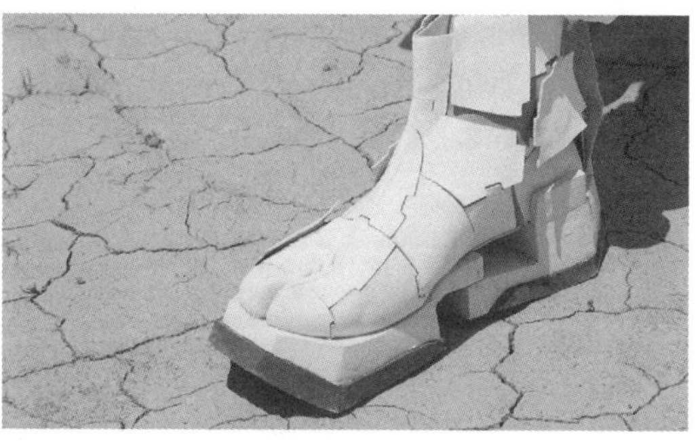

图 4-9-3 赛博朋克系列鞋履设计细节

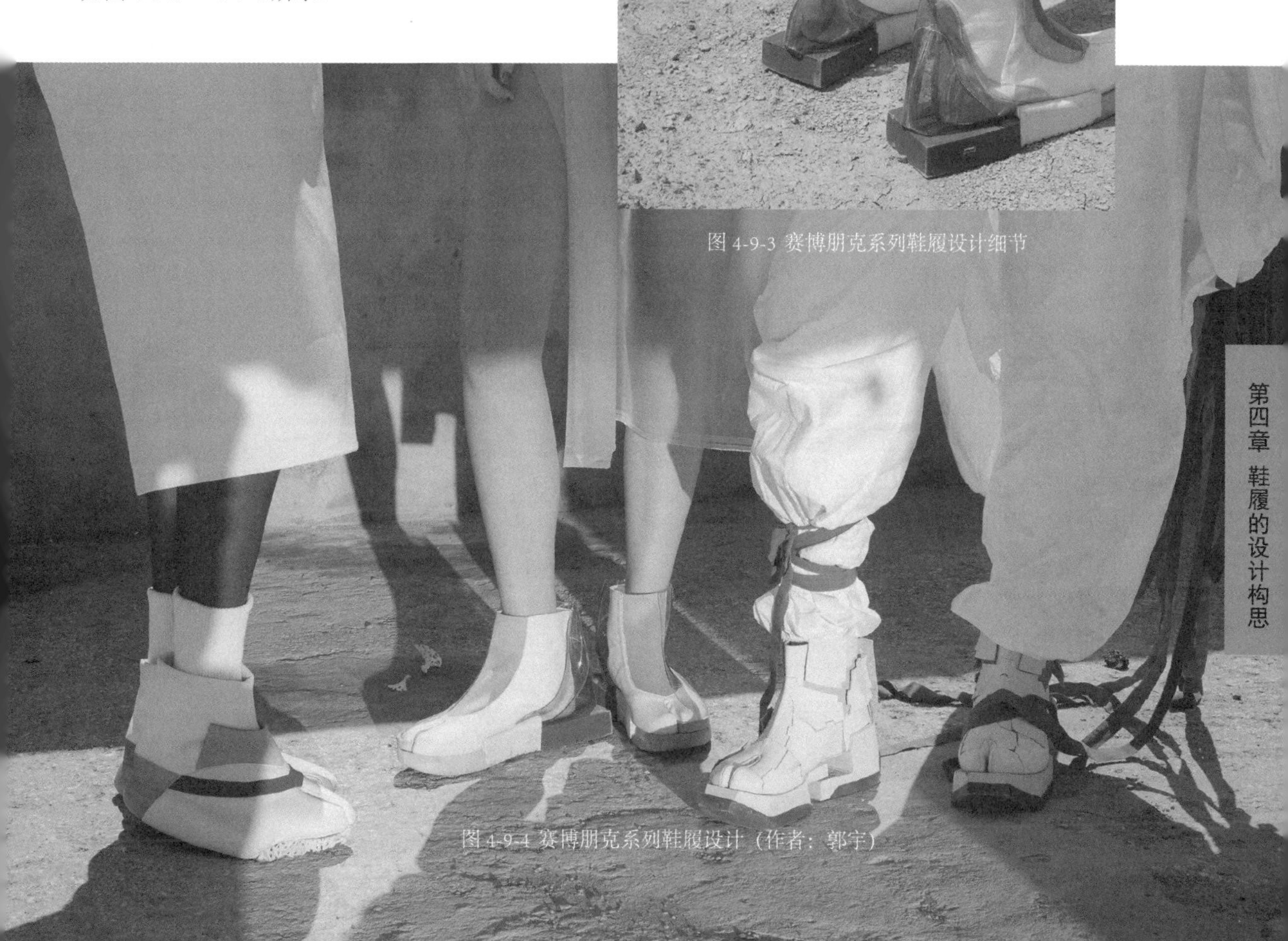

图 4-9-4 赛博朋克系列鞋履设计（作者：郭宇）

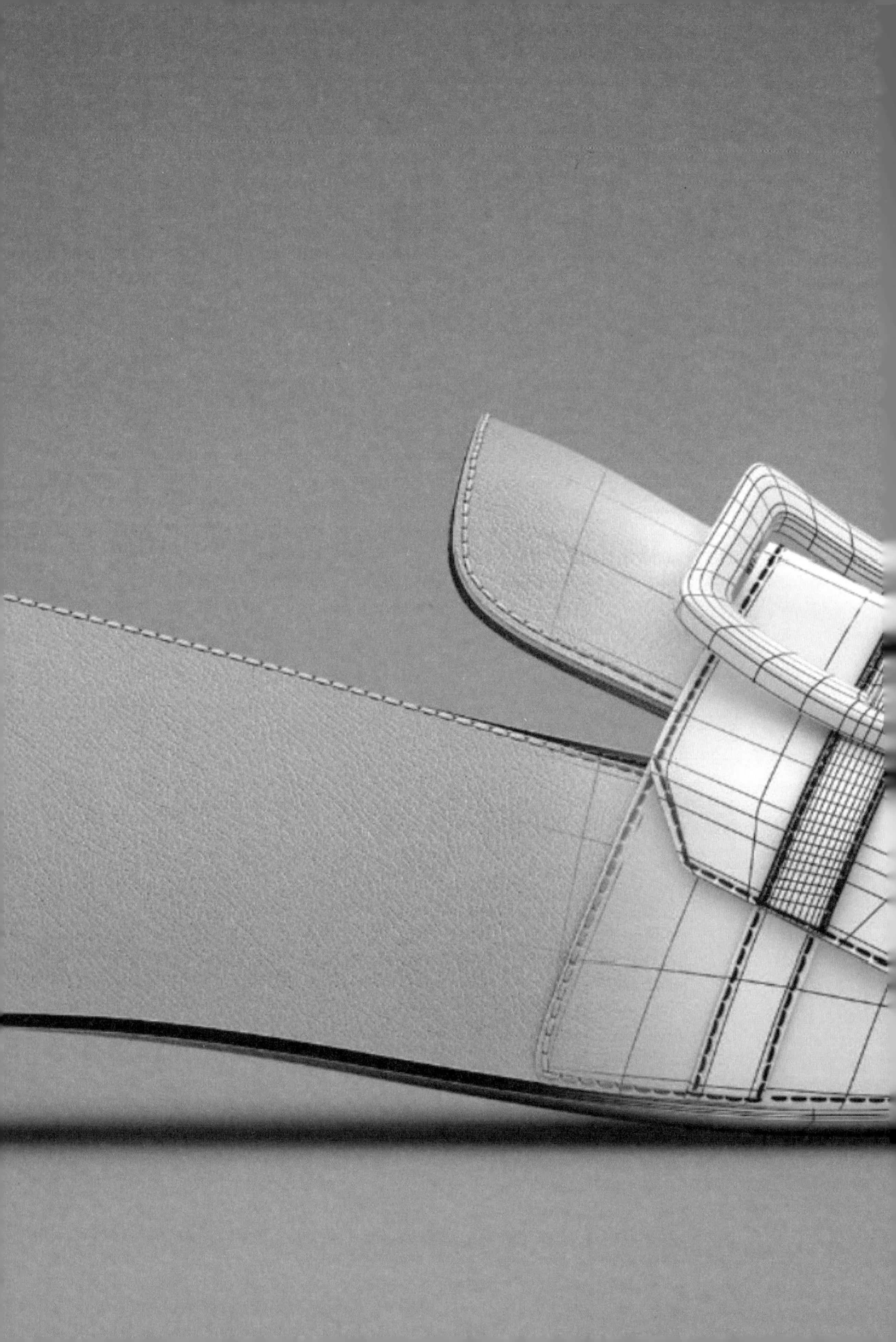

第五章 鞋履设计表现

鞋履的设计表现是鞋履设计过程中一个重要的环节，是将设计思想、理念以及设计情感最终传递给消费者、企业团队的环节。

设计表现不再是单纯的效果图表现，而应该是从人们能够感知的视觉、听觉、嗅觉、味觉、触觉出发来进行的表达。对于鞋履而言，最为多见的是视觉和触觉的感知。本章总结了数种鞋履设计表现的常用方法，包括创意手册、情绪版、手绘效果图、电脑效果图、虚拟现实、爆炸图、设计技术绘图等。

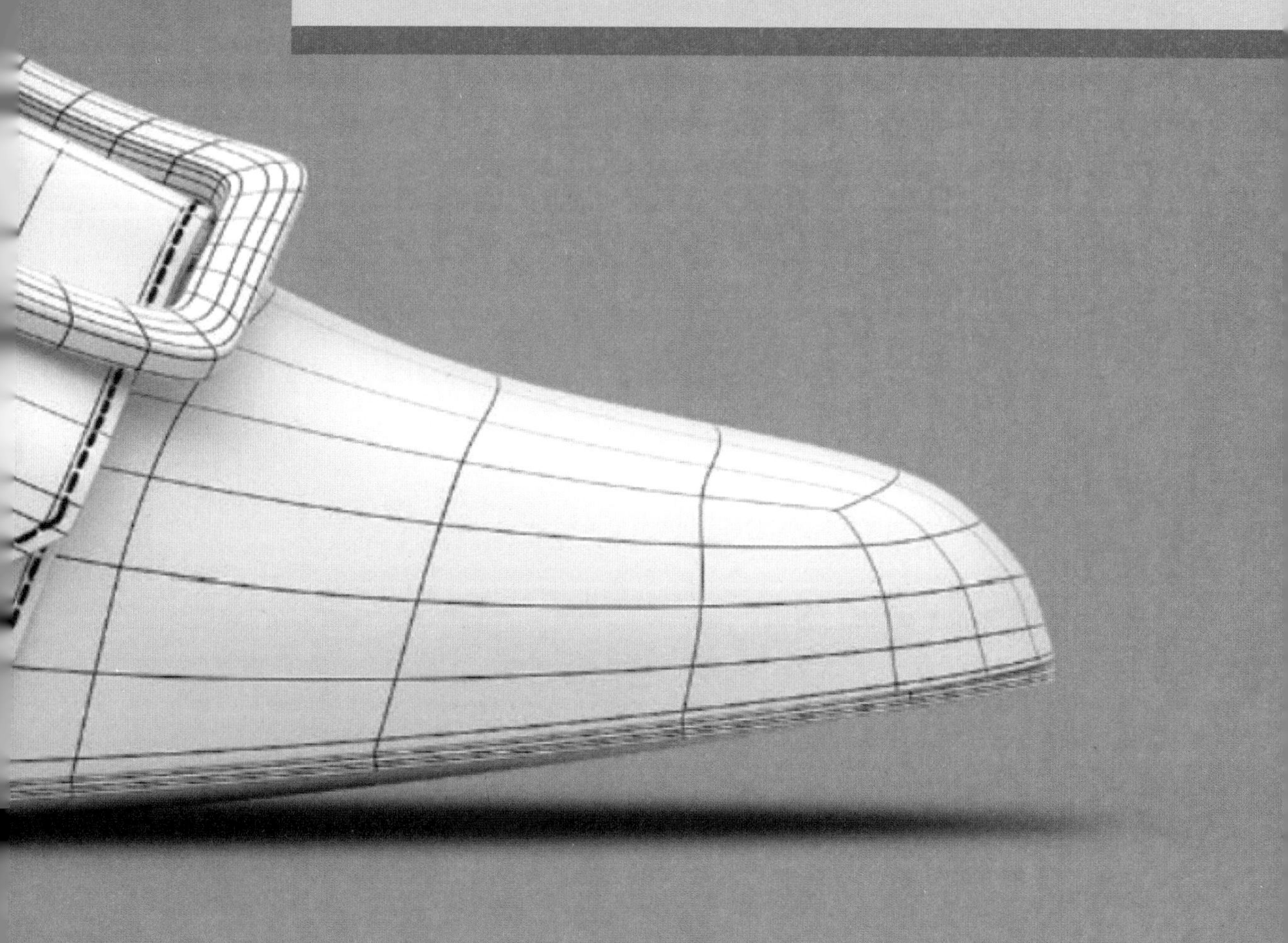

第一节 设计表现的工具和材料

随着时代的进步，在设计表现的手绘工具上也有了很多的突破和创新，鞋履专用手绘本，自带灌水系统的水彩笔等简化了设计表现过程。为了能有多重方式表达自己的方案，一定要尝试不同的绘画技巧和工具，也可以通过尝试找到适合自己的绘制风格。

01- 设计速写簿

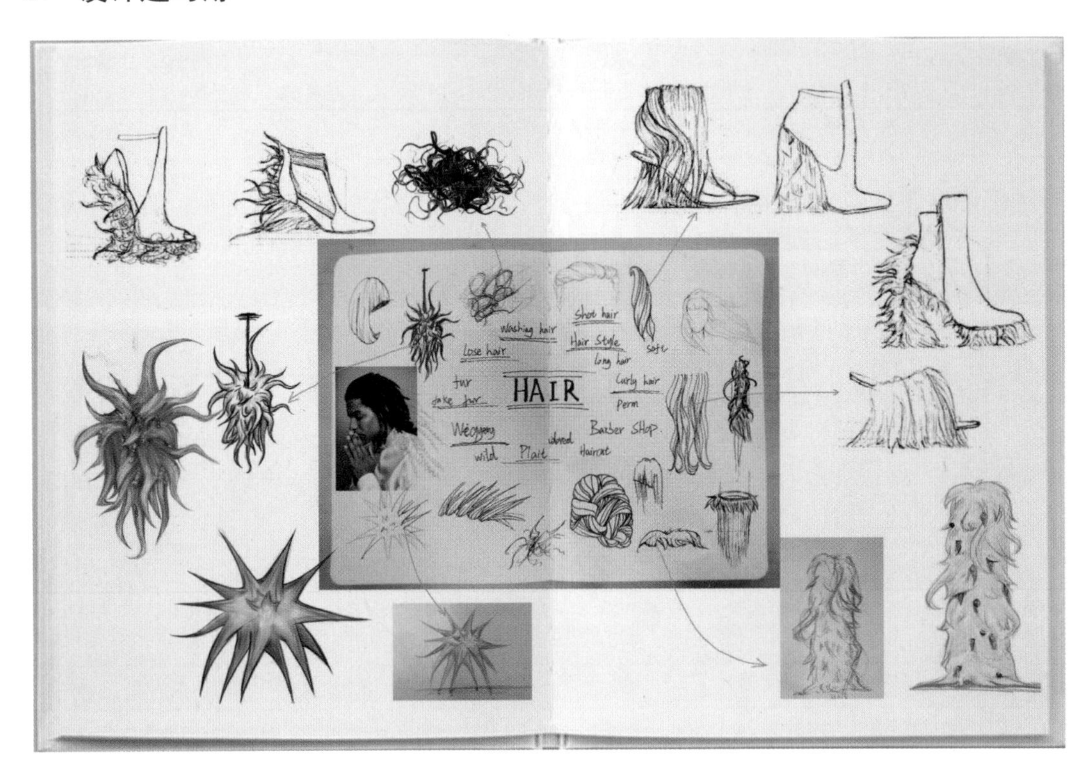

图 5-1-1 速写簿绘制草图及头脑风暴（作者：张艺涵）

> 普通速写薄

速写簿是用来进行速写创作和练习的专用本。一般分为方形和长形不等，开数大小不一，一般长方形以十六开、八开、四开尺寸居多。纸张较厚，纸品较好，多为活页以方便作画，有横翻、竖翻等不同翻页方式，也有圈装、胶装等不同装订形式。整体而言，速写本和单张纸夹作画更易保存和携带，如图 5-1-1、图 5-1-2 所示。

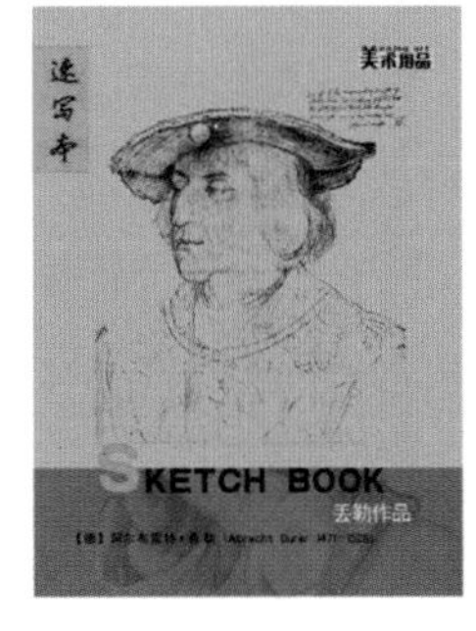

图 5-1-2 普通速写薄

>FASHIONARY 时装工具书（鞋履设计版）

购买参考网址：http://www.triple-major.com/ 或淘宝搜索 Triple major

为了方便进行设计表现，由 FASHIONARY 团队出品打造了一本时尚工具书—FASHIONARY 时装工具书（鞋履设计版），FASHIONARY 品牌名称由“Fashion”与“Dictionary”组合而成，革新性地将设计笔记本与功能性参考书合二为一，速写簿的前 10 页为小型鞋履知识辞典，包括全面的鞋型名称、鞋履部位解析、足部人体工程学概括以及国际鞋码换算表与工艺制单等专业资料。速写簿的余下部分（154 页）则为现成的空白虚线鞋型模版。

鞋履设计工具书为方便携带的 32 开，封面为颇有质感的黑色硬皮，不怕折损且外观简洁，设计精致而且功能性高，对初学鞋履设计的学生比较实用，也是入门参考。它已被各大时尚杂志评选为世界上排名第一时尚笔记本，如图 5-1-3 ～图 5-1-4 所示。

图 5-1-3 FASHIONARY 时装工具书（鞋履设计版）

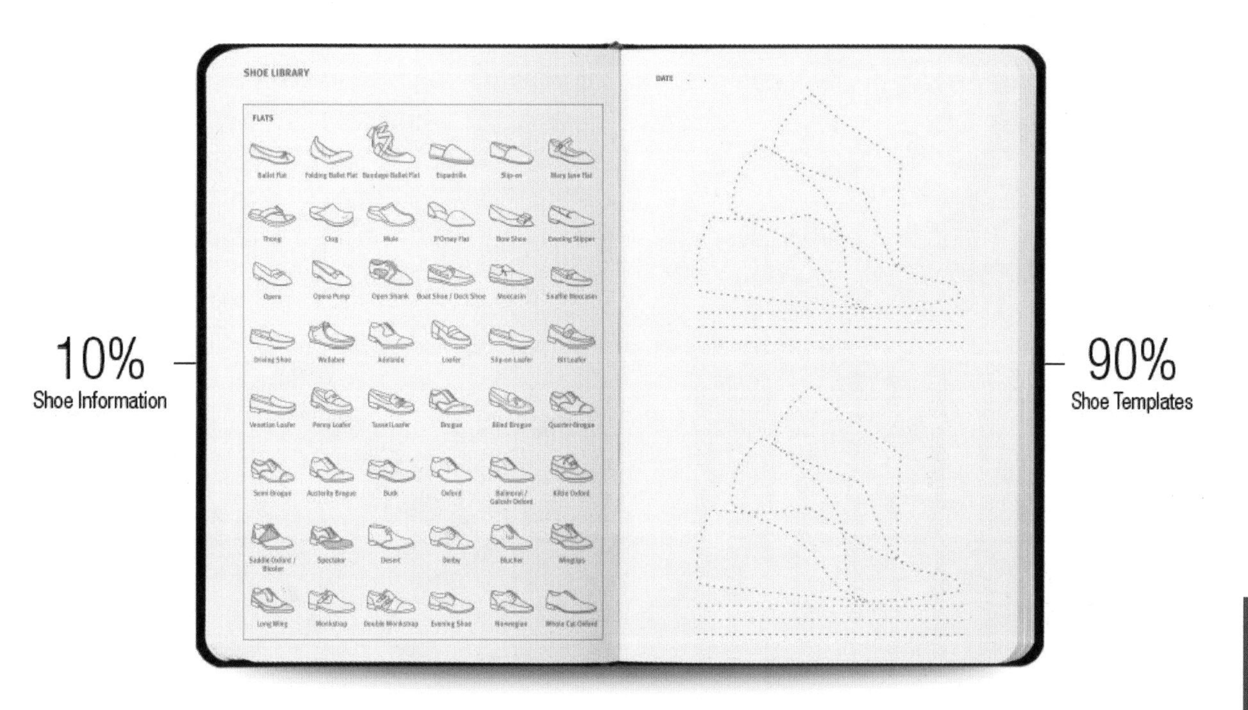

图 5-1-4 FASHIONARY 时装工具书（鞋履设计版）图典和内页模版

02- 纸张

> 复印纸

不同品级的复印纸质感虽有不同，但均可使用。作为基本储备纸张，廉价的无光复印纸最好，建议用 A4 规格，70 或 80g 均可。

> 水彩纸

水彩纸有木浆纸和棉浆纸，按照纹路粗细可分为细纹、中粗纹和粗纹。它遇水不破，吸色效果好，适合于鞋履的水彩画法设计表现。

> 马克笔纸

它耐水、耐油水，用马克笔绘制时不会透过纸面，且颜色鲜艳保真，适合于鞋履的马克笔画法设计表现。

> 铅画纸

专用于铅笔绘图。上铅效果好，且不易画穿，适合用素描画法深入绘制鞋履效果图。

> 网格纸

带有刻度、网格或网点，可定制由不同类型的网点格纸构成，方便设计师快速定位设计，寻找良好的设计体验。

如图 5-1-5 所示不同类型的纸张图例。

图 5-1-5 不同类型的纸张

03- 笔

> 水笔

普通水笔是最经济实惠的选择之一。

> 自动铅笔

先进的笔嘴设计增加了绘图的精准度，良好的笔杆重量分配让绘图更稳定，是专业人士的理想选择。

> 素描铅笔

普通的 2B ～ 4B 素描铅笔也可以选择，但需要经常削尖笔头，配合卷笔刀一起使用。

如图 5-1-6 所示常用的绘图用笔。

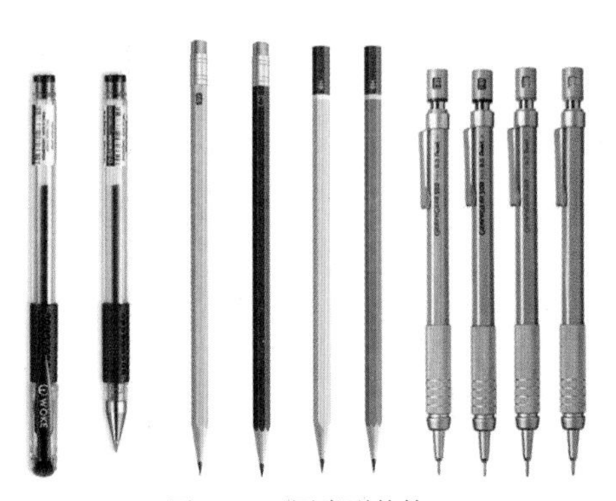

图 5-1-6 不同类型的笔

> 马克笔

马克笔又称麦克笔。它使用方便、快捷，画面效果干净，可以直接在素描、速写本上创作，一般用于快速表现。马克笔的笔尖有不同的形状和规格，如扁头、尖头、圆头、针头等，笔尖的选择取决于绘画的需要，马克笔有油性、水性和酒精性之分。油性马克笔颜色的扩散力和着色力比水性马克笔要强，它也可以在不同的材料上进行绘画，如木板、塑料、亚麻布等，如图 5-1-7 所示。

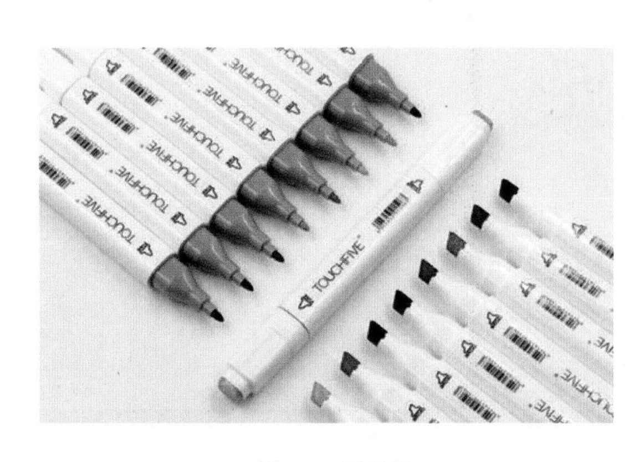

图 5-1-7 马克笔

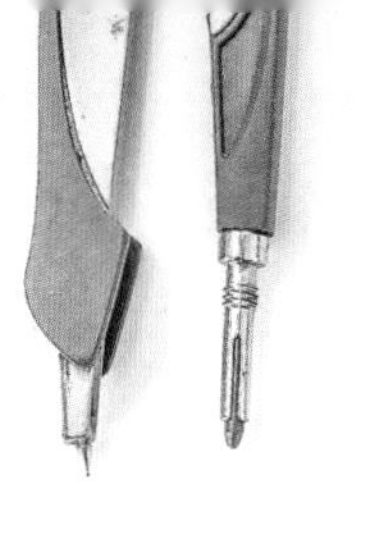
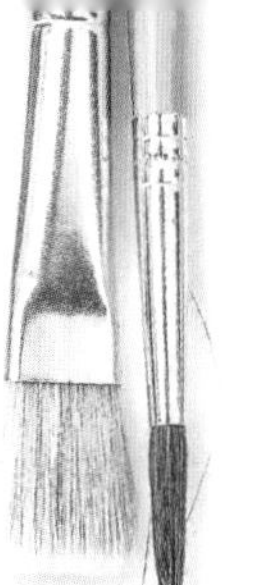

04- 水彩

水彩的品质和价格变化很大，以前常用普通的水彩颜料，现在经常用固体水彩来进行替代，也会有设计师用水溶性彩铅笔来进行绘制，如图 5-1-8、图 5-1-9 所示。

> 管状水彩

管状水彩颜料呈膏体状，可以挤在水彩调色盘里，再用笔酌量与水或其他颜色混合后使用。管状颜料的色彩更加鲜艳，而且更易混色。

> 固体水彩

固体水彩含水量比较低，呈凝固干燥状态，用时需要用蘸水的笔涂抹颜料表面，将颜料溶解下来使用。固体水彩较之管状色彩更加通透，透明度好，比较容易携带。

> 水溶性彩色铅笔

水溶性彩色铅笔也是常用的水彩表现技巧，其质地相对来说比较软。使用方法相当简单，就像普通的铅笔一样可以画出很利落的线条，画好后用蘸水的笔在上面涂抹可以在画面上自由混色。

图 5-1-8 水彩工具

图 5-1-9 彩铅及固体水彩混合使用鞋履插画效果图
（作者：aneta_fashionillustrator）

第二节 创意手册

创意手册是鞋履设计过程中一种重要的表现方法，它是一种对灵感元素的收集和罗列，不一定是由设计师们经过缜密的思考、细心的筛选组合以及精心的创作，而是为后期积累设计素材和灵感，并将其应用到具体的鞋履设计中去的前期铺垫和方向指导。

01- 创意手册的主要功能

> 记载所观察的内容
> 收集设计参考信息和素材
> 激发创意设计灵感
> 记录设计构思过程

详见图 5-2-1 ～图 5-2-6。

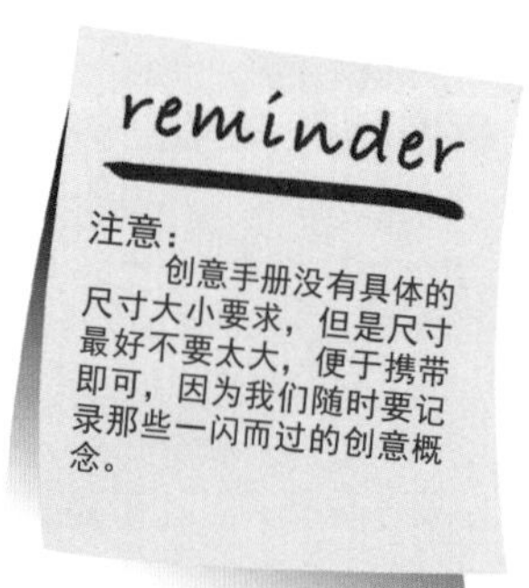

02- 创意手册的记录形式

> 图片拼贴

随着现代数码相机的普及，采用数码图片打印后拼贴的形式记录感兴趣的东西和灵感，并通过手绘结合的形式进行记录。

> 手绘小稿

用纸和铅笔，以快速涂鸦、徒手画的形式可以完成快速记录创意的功能。

> 材质附加

用简单的材料样本附加在其中，能够让你从触感上记录真实的要点和效果。

> 文字记录

通过关键词、思维导图、设计说明来辅助记录鞋履设计构思和想法。

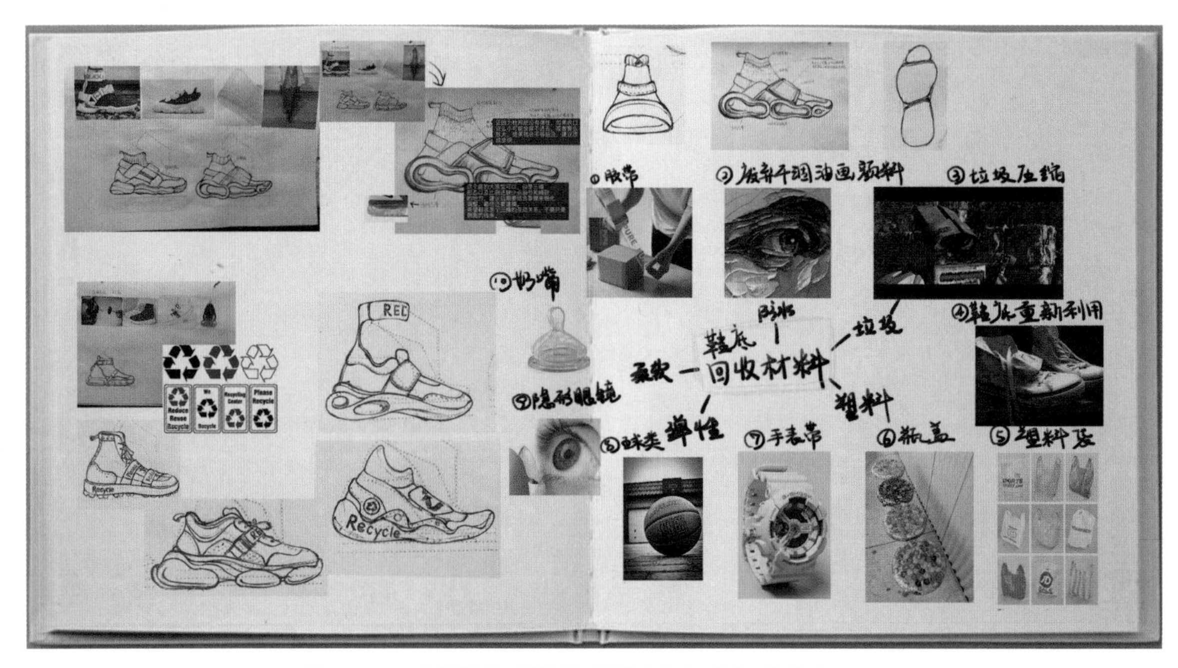

图5-2-1 Recycle主题鞋履设计的创意手册综合表达（作者：杨馥泽）

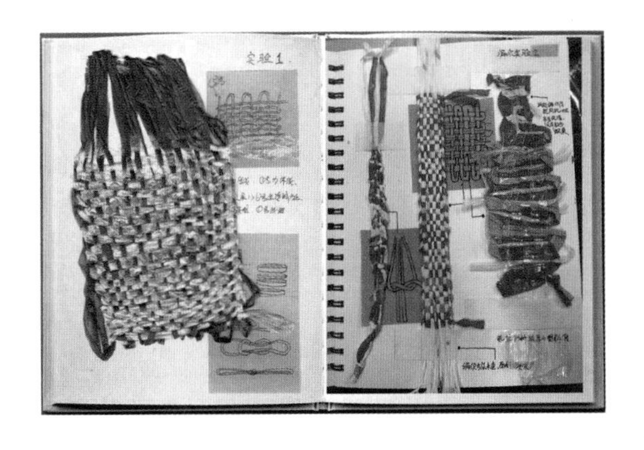

图5-2-2 编织材料实验的创意手册内页举例
（作者：张艺涵）

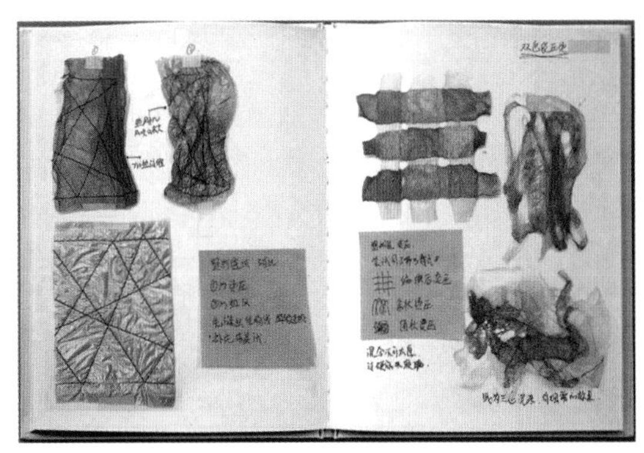

图5-2-3 塑料袋叠加的创意手册内页举例
（作者：张艺涵）

图5-2-4 进化主题的鞋履创意手册内页举例
（作者：张艺涵）

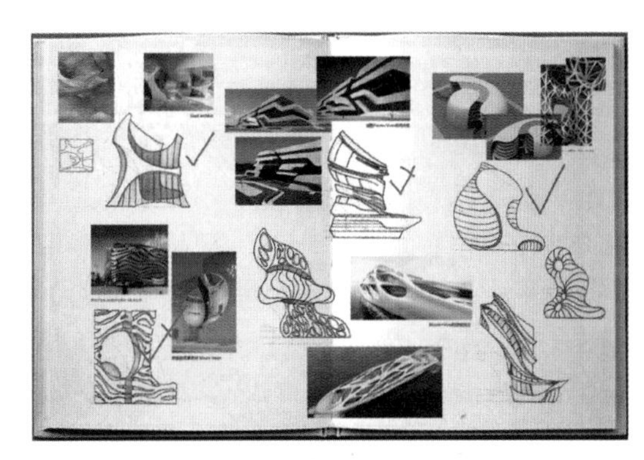

图5-2-5 构成主题的鞋履创意手册内页举例
（作者：薛凯文）

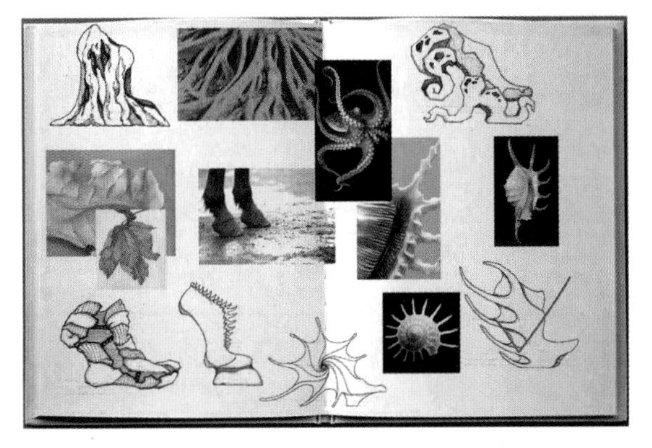

图5-2-6 生物主题的鞋履创意手册内页举例
（作者：薛凯文）

03- 创意手册的相关提示

>纸张要相对密实，用水笔或马克笔绘画的时候，不至于浸透纸张；

>普通的白纸或乳白色的纸固然好用，但是有时可以穿插或打破常规选择有色纸或者有条纹的纸效果也不错；

>创意手册只是收集信息的工具，不一定存在规则、逻辑和系统；

>把设计构思快速地画下来，以后凭借记忆或想象补充细节；

>写下想法、名字、基调，围绕这些概念创作个人的情节叙述；

>用完一个笔记本就赶紧拿出下一个，慢慢充实珍贵的素材参考库。

第三节 情绪版

情绪版，又称意向看版、基调版或 MOODBOARD。根据鞋履设计的方向和主题，细分关键词，并根据关键词属性和特征寻找相关图片或实物素材，包括色彩、肌理、风格、形状等，并通过成型的情绪版向他人表达对于用户、主题、设计细节的直观感觉。

情绪版是设计研究的图形化总结，是设计思路的可视化表达。它能帮助确定作品集的基调，让观看者更容易理解设计方向，也可以通过情绪版进一步启发设计开发思路。它为鞋履设计师提供了框架，也提醒设计师已经做了哪些设计研究工作。情绪版也是设计师向客户、同事阐述设计概念的重要方法和工具。

01- 情绪版的主要功能

> 表达主题方向：表现整体的感觉和风格；

> 表达目标定位：概括目标人群描述及特征；

> 表达设计分析：表现设计的灵感、色彩、材质以及涉及的元素等；如图 5-3-1 所示。

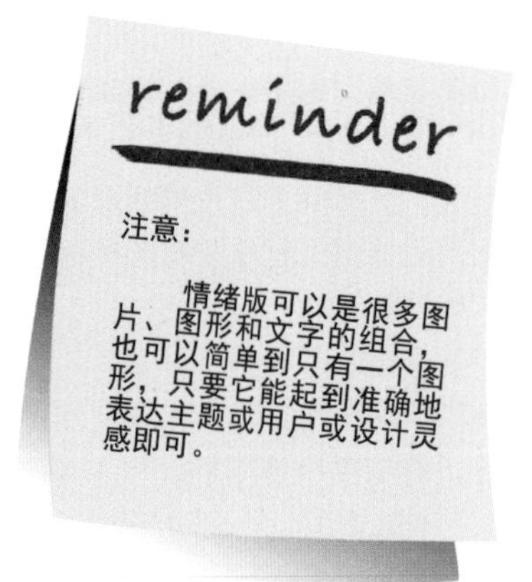

图5-3-1 “纯真古雅”主题下用于表现主题方向、目标群体特质和设计分析的情绪版举例

02- 情绪版的主要形式

情绪版通过关键词和视觉素材的结合，综合表达整体概念、目标用户和其他设计细节，可以具体划分为以下几种形式：

> 氛围版

如图 5-3-2 所示，氛围版可以取自于一张图片，也可以由多张图片组合拼贴而成。氛围版常用来清晰表现出作者的灵感来源、设计构思以及设计的整体气氛，很多设计师需要通过调研、搜集、比较、讨论和筛选来确定氛围图中所用到的图片。

氛围版中的图片要求内容集中，避免用到给读者带来干扰的视觉因素。同时，它还必须给人一定的抽象想象空间，不建议过于直白表现鞋履本身。

图5-3-2 "俱乐部"主题的氛围版

> 色彩版

色彩版展示了基于设计研究的色彩和材料取向。它是一些和主题相关图片的集合，这一部分的图片比较倾向展示该主题色彩的来源，明确该主题的主要用色。

色彩版一般由两部分组成：一部分为表明色彩灵感来源的图片，另一部分为色卡，有时也会有色彩相对应的纱线、皮料作为辅助的表达，如图 5-3-3 所示。

色彩版中提炼的色彩数量并没有固定要求，可根据作品集和设计研究的规模来决定，一般来说 5 ～ 10 种是较为常见的范围。

图5-3-3 "俱乐部"主题的色彩版

> 用户画像版

用户画像版常用于表达目标用户的视觉形象（年龄和基本信息），并通过大量细节的图片阐述该用户的价值观、生活方式、喜好以及对鞋履的态度等，如图 5-3-4 所示。

图5-3-4 "俱乐部"主题的用户画像版

> 材质版

材质版是一些和主题材料相关图片的集合，设计师能够直观清晰地将所选材料信息传递给公司和同事。

在材质版中，采用两种方式表现材料。一种是“材质大纲”，汇总地展示主题中所用的材料，如图 5-3-5，施华洛世奇品牌在每个主题氛围版后将汇总的展现该主题的材质大纲；另一种是“关键材料”，聚焦少数材料，并通过大量的材料图片和实物小样综合呈现，如图 5-3-6 所示，施华洛世奇对关键的材料进行深入表现。

材质版也是设计师关于材料的思考过程呈现，为了能给作品收集新的思路，设计师也经常将材料实验的过程和结果放入其中。

图5-3-5 材质版实例1

图5-3-6 材质版实例2

> 细节版

细节版是一些和主题相关图片的集合。这一部分的图片比较倾向于对主题下各个细节的表达，往往是一些和鞋履设计相关的细节图片或可以直接或间接应用到鞋履开发中的图片，如图 5-3-7 所示。

图5-3-7 “俱乐部”主题的设计细节举例

03- 情绪版的绘制步骤

情绪版绘制的要求首先是图片紧密围绕主题，和谐统一，同时图片要尽可能丰富，从多个角度对主题进行阐述，避免表达信息重复；其次就是要将这些独立的图片进行拼接和组合，使其构成为一张完整的、有意境的情绪版。

情绪版基本上是设计师通过实物照片拼贴或计算机合成来完成，如图 5-3-8 所示。

> 明确关键词

根据情绪版要表达的内容细分关键词来辅助深入的表达。

> 根据关键词收集素材

通过各种网站和实物渠道搜集和关键词相关的视觉图片或实物。

> 挑选素材

筛选最为突出的 5 ～ 10 张，这些图片最好是反映该主题最直观、生动的图像，且在一定程度上尽可能合并同类项，做到最简化。

> 聚类素材

将素材（图片或实物）按照关键词聚类并整理，因为图像的来源不一样，将图像转化成为统一的图形模式（要么都扫描成电子形式，要么都统一成打印实物的形式）

> 排版和呈现

根据情绪版的尺寸、图像重要性等相关原则进行排版，排版可以采用拼贴、叠加等手法，最终将素材装裱贴在硬纸板、作品集等其他需要表现的承载物上。

逆反主张 | 迷幻狂欢 | 机能运动 | 保护色调

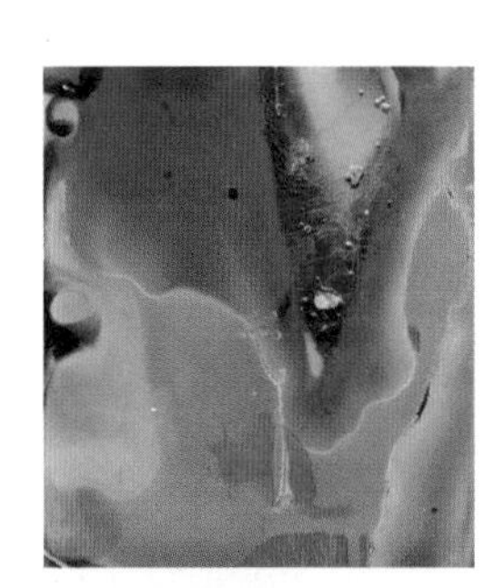

图5-3-8 “俱乐部”主题的氛围图演化举例

第四节 设计草图

设计草图是一种徒手的快速表达，直接用笔、电脑或手写板等快速进行一些简单概念的表达或者是相对工整的图面表达，其目的是快速表达和记录设计师的构思过程、设计理念。

01- 设计草图的主要功能

> 帮助记录创意想法

设计者在进行创作之前，头脑中的灵感和想法有时候就像火花一样稍纵即逝。设计草图的作用是尽可能快把头脑中的灵感或想法记录下来。

> 帮助积累设计素材

草图是一种锻炼和提高设计师造型能力的方式，也可以帮助设计师积累素材，增强对造型艺术的敏感度，让设计思维更加活跃。无论大小公司的设计师在前期设计表达阶段都会通过草图对自己的构想进行便捷有效地表达。

> 展示设计师个人魅力

设计草图也是一个设计师职业水准的最直接、最直观的反映，它最能够体现出设计师的综合素质。

草图的表达技巧愈熟练，愈能记录更多的思维形象，快速捕捉设计师瞬间的创作灵感。

鞋履设计师的设计草图如图5-4-1～图5-4-3 所示。

图5-4-1 设计草图实例1（作者：徐成锐）

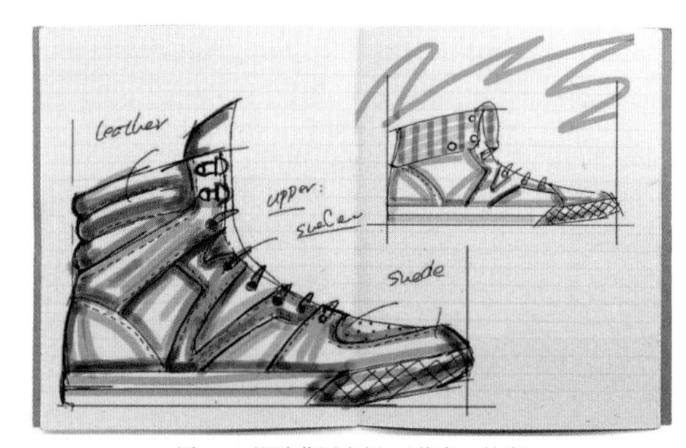

图5-4-2 设计草图实例2（作者：杜犇）

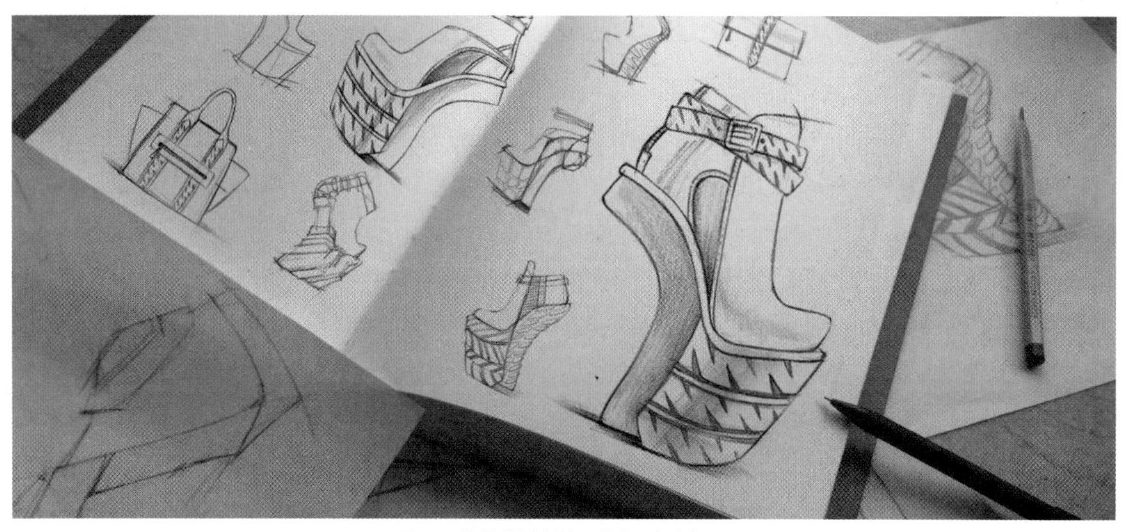

图5-4-3 设计草图实例3（作者：赵舟旭）

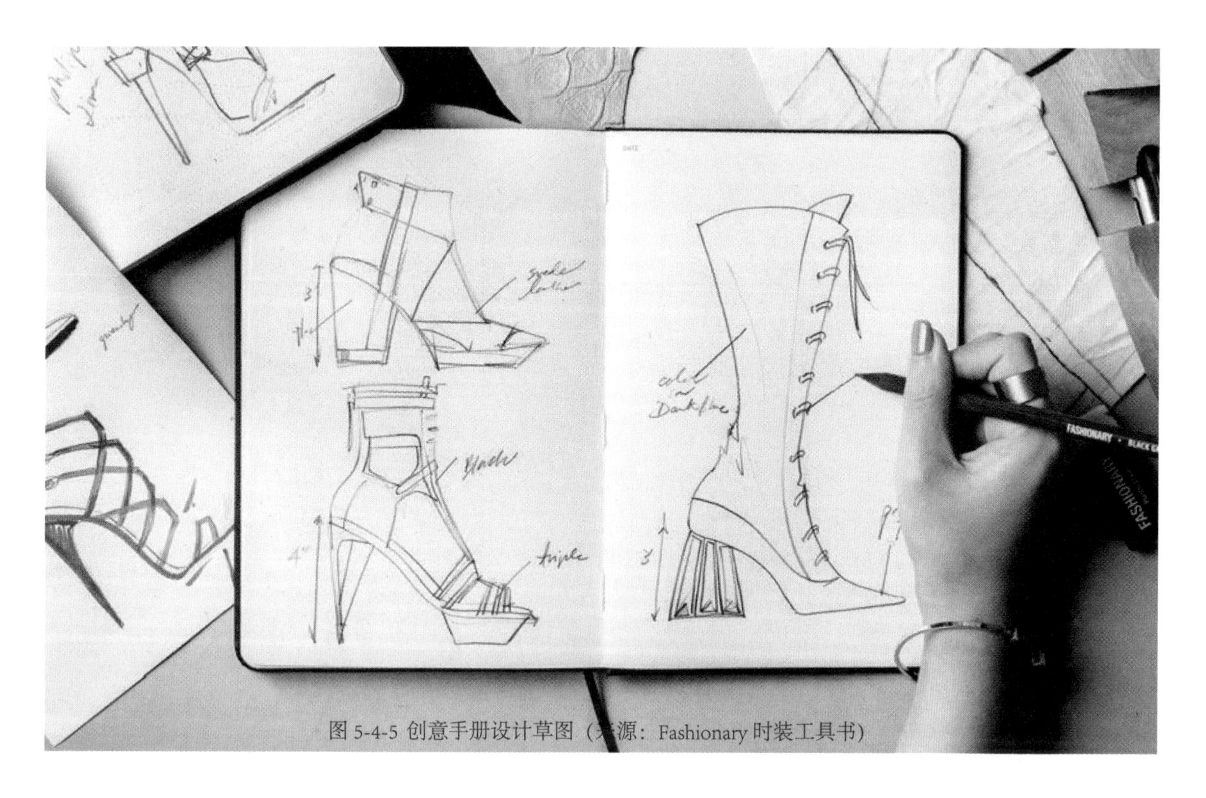

图 5-4-5 创意手册设计草图（来源：Fashionary 时装工具书）

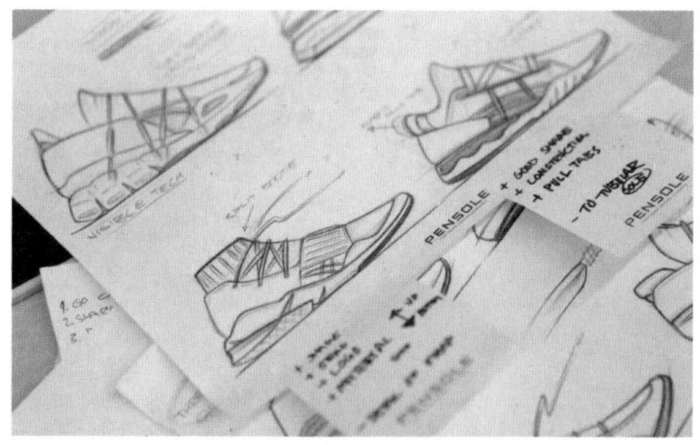

图5-4-4 普通纸张设计草图

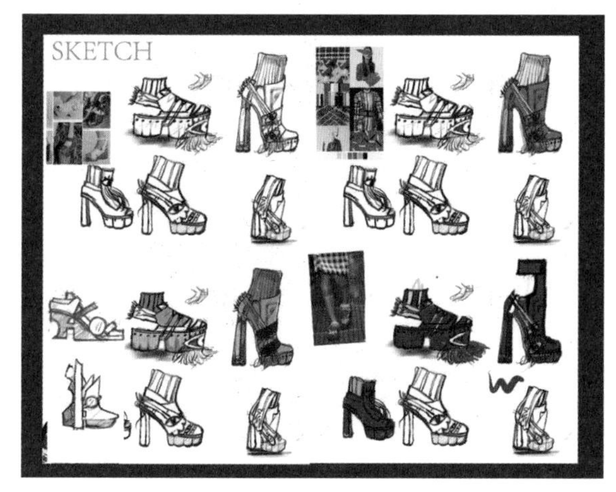

图5-4-6 电子载体设计草图（作者：叶依蕾）

02- 设计草图的记录载体

设计草图细节不要求非常完整，随着设计草图一步步深入，将不断勾勒出鞋履设计的轮廓、细节等内容。

> 普通纸笔

用普通的纸张和笔即可完成设计草图的绘制，通过图和简单文字进行设计构思的传递。

> 创意手册

快速徒手画结合灵感图片和材料拼贴，生成有趣的创意手册，是目前设计行业设计师常用的一种设计草图的记录形式。

> 电子载体

随着电子科技在设计行业的深入，设计师可以使用软件快速便捷地生成设计草图，记录生活和灵感，比如 Sketches、Sketchbook、Procreate 等。

图 5-4-4 ～图 5-4-6 是用不同载体进行的设计草图实例。

第五节 手绘效果图

手绘效果图是通过手绘的形式来完成对鞋履形态、结构、材质的综合表达手法。效果图是在设计草图的基础上将设计具体化、完善化的一种表现，是设计师艺术画表达鞋履设计最直接有效的方法，也具有一定的艺术表现力。

01- 手绘效果图法的主要表现形式

> 单线画法

单线画法是一种传统的表现形式，以清秀、细腻见长，主要靠线条表现鞋履的结构、质地，是开始进行鞋履表达的第一步。过程中要学会观察归纳，并用简化线条清晰地表现结构、细节，如图 5-5-1 所示。

> 素描法

即通过黑白灰的素描调子关系来进行表现，用调子的深浅来表现鞋履的部件、明暗交界线和亮部等，以达到体现体积感和空间感的效果。多数情况下为防止对橡皮擦摩擦画面造成的损坏，最好将高光留出来，如图 5-5-2 所示。

> 马克笔画法

马克笔画法是鞋履设计快速表现的常用工具之一，因明快的颜色、大色块的拼接、色彩叠加后出现的变化呈现出很好的效果。最常用于运动鞋，时装鞋也会采用同样的方式进行表达。刚开始用马克笔表现时会感到有些难度，经过练习后会得到很好的效果，如图 5-5-3 所示。

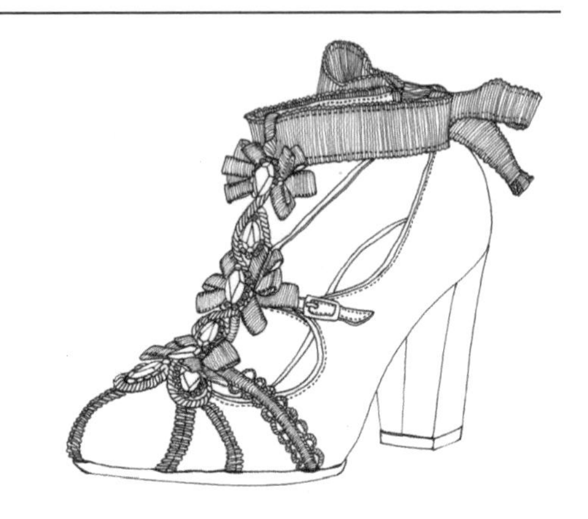

图 5-5-1 单线画法鞋履效果图例 (作者：杨景裕)

图 5-5-2 素描写实画法鞋履效果图例 (作者：易丽思)

图 5-5-3 马克笔画法鞋履效果图例 (作者：陶梦月)

图 5-5-6 景衬法鞋履效果图实例（作者：王楚惠）

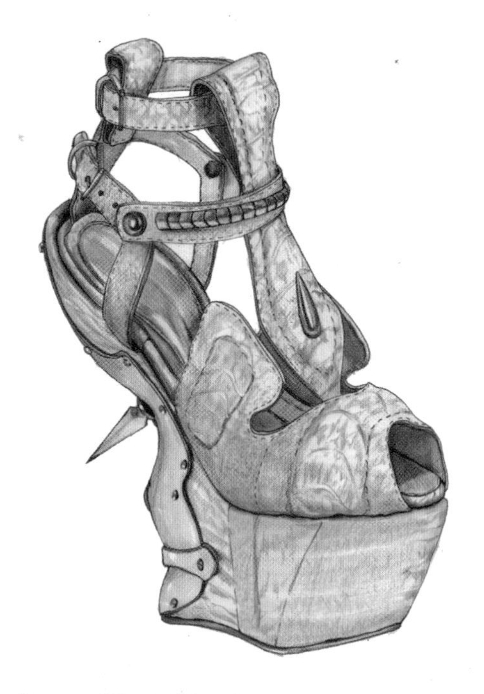
图 5-5-4 彩铅画法鞋履效果图实例（作者：易丽思）

> 彩铅画法

彩铅画法是利用彩色铅笔完成图纸绘制过程。这个画法相对比较细腻，把彩色铅笔削尖，然后一层层的上色，画出鞋履那种细腻的材质和细节，如图 5-5-4 所示。

> 水彩、水粉画法

水彩、水粉画法都是利用水彩、水粉颜料和水的调和关系来塑造鞋履形体和细节。水融色的干湿浓淡变化以及在纸上的渗透效果，表现力极强。前者相对透气，后者相对凝重，但都是鞋履设计常用的表现手法，如图 5-5-5 所示。

> 背景渲染法（景衬法）

即在有色或有肌理的背景上进行鞋履效果图的绘制，特别适合于表现反光极高的、透明的材质，如水晶、透明 PVC，可借助亮部和暗部的强烈对比表现材质，如图 5-5-6 所示。

02- 手绘效果图表现法的步骤

手绘效果图因其使用的工具不同而有不同的细节步骤，但大致可分为：

> 构图

> 绘制轮廓

> 上色

> 细节刻画

图 5-5-5 水粉画法鞋履效果图实例（作者：杨景裕）

第六节 计算机辅助效果图

计算机辅助表达也是鞋履设计常用的表现方式之一，是通过 Photoshop、AI、Painter 等平面软件或 3D max、Rhino、MODO、Grasshopper 等三维软件实现鞋履效果图的绘制。

01- 计算机辅助平面效果图

单独使用 PS、AI、Painter、CorelDRAW 等矢量或位图软件，都可以完成对鞋履轮廓和内部线条的勾勒及对产品材质填充，表现较为真实的鞋履效果图。

实际操作层面，设计师经常会将这些软件结合在一起使用，如 AI 绘制产品的线稿，PS 拼贴填充材质效果等。

>PS 画法

PS 画法是利用 Adobe Photoshop（由 Adobe Systems 开发和发行的图像处理软件）来绘制鞋履方案的方式。Photoshop 主要处理以像素所构成的数字图像，是鞋履设计表现最常用的辅助软件，PS 绘制鞋履设计方案最适合表现鞋履手绘的感觉、材质叠加后的层次感、添加阴影后立体感，是二维虚拟现实效果最真实的、普及度最高的手法之一，如图 5-6-1 所示。

图 5-6-1 PS 鞋履平面效果图实例（作者：张艺涵）

>AI 画法

AI 画法是利用 Adobe Illustrator 来绘制鞋履方案的方式。设计师常用 AI 绘制鞋履的线稿，拼贴填充材质效果，如图 5-6-2 和图 5-6-3 所示。和 PS 相比，AI 效果图更为清爽、干净，可以直接输出矢量文件。

图 5-6-2 AI 平面效果图实例 2（作者：李海宁）

图 5-6-3 AI 平面效果图实例 1（作者：李海宁）

>SAI 画法

SAI 是一个已经成功商业化的绘图软件 Easy Paint Tool SAI 的简称。SAI 极具人性化，其追求的是与手写板极好的相互兼容性、绘图的美感、简便的操作以及为用户提供一个轻松绘图的平台，如图 5-6-5 所示。

>Procreate 画法

Procreate 是苹果系统中一款强大的绘画应用 APP，可以让创意人士随时通过简易的操作系统，专业的功能集合进行素描、填色、设计等艺术创作，如图 5-6-4 所示。

图 5-6-4 Procreate 平面效果图实例（作者：杨景裕）

图 5-6-5 SAI 平面效果图实例（作者：何心悦）

02- 计算机辅助三维效果图

利用 Rhino 、MODO、Solidworks、3D max、Maya、Zbrush 等三维软件建造的立体鞋履形态的表现方法，其轮廓及材质渲染方面可以有近乎完美的表现，常用于制作虚拟现实的高品质效果图。

>Rhino 建模

Rhino 是一个“平民化”的高端软件，它拥有 NURBS 的优秀建模方式，图形精度高，能输入和输出几十种文件格式，所绘制的模型能直接通过各种数控机器加工制造出来，是最常用的鞋履三维建模软件。

图 5-6-6 是使用该软件绘制的鞋履效果图实例。

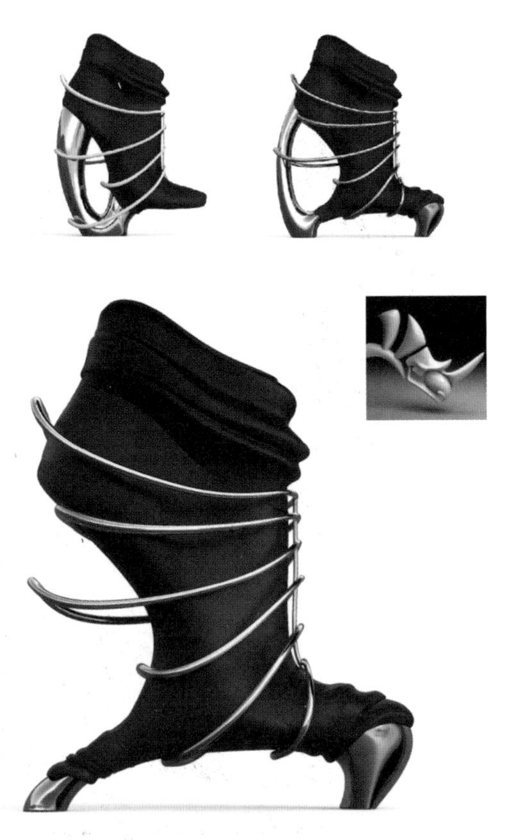

图 5-6-6 Rhino 三维效果图实例
（作者：薛凯文）

>Grasshopper 参数化建模

Grasshopper 是基于 Rhino 的参数化设计插件作为一种非线性的设计方法，可以通过可视化的程序语言，利用参数的改变快速地产生不同的设计形态。用本软件绘制的鞋履效果图实例，如图 5-6-7 所示。

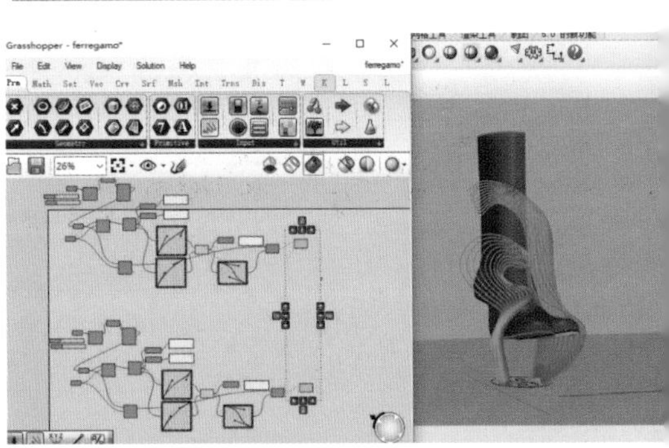

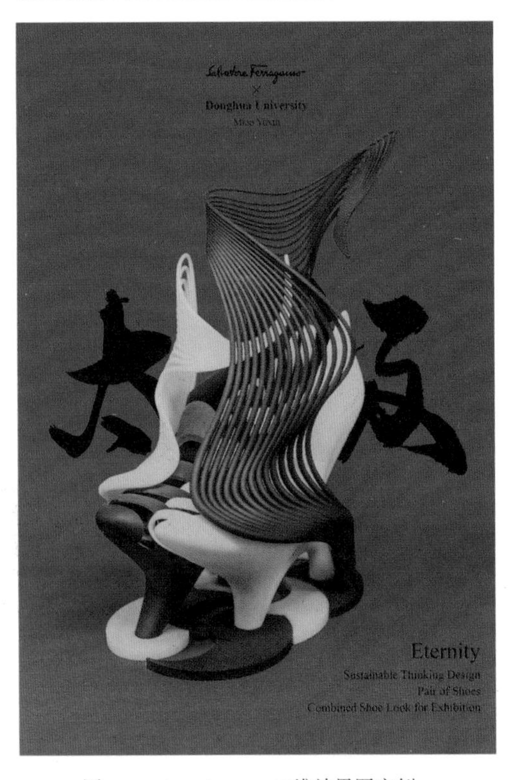

图 5-6-7 Grasshopper 三维效果图实例
（作者：苗雨鑫）

>MODO 建模

英国 The Foundry 公司开发的一款集高级多边形细分曲面、建模、雕刻、3D 绘画、动画与渲染于一体的综合性 3D 软件，是国外最先进的概念建模软件。配合 Colorway 插件可以快速迭代外观，探索不同的颜色组合，保存和管理任意数量的变体，并令人信服地传达想法，所有这些都无需耗时的重新渲染。通过这款插件可以立即模拟设计变化，改变图案、颜色和材料，在几分钟内呈现出来。用本软件绘制的鞋履效果图实例，如图 5-6-8 所示。

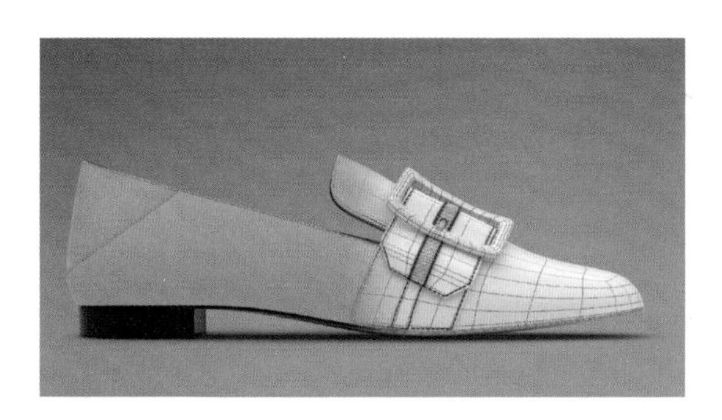

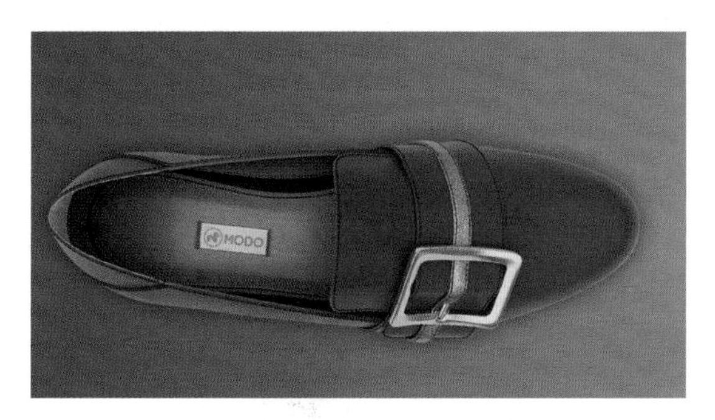

图 5-6-8 MODO 三维效果图实例

>Shoemaster 建模

Shoemaster 是一个用户友好，易于学习，功能深度丰富的鞋履设计专用软件。软件建立在传统制鞋知识上，适用于各种鞋类的设计和制造，包括时装鞋、运动鞋、儿童鞋、劳保鞋等。用本软件绘制的鞋履效果图实例，如图 5-6-9 所示。

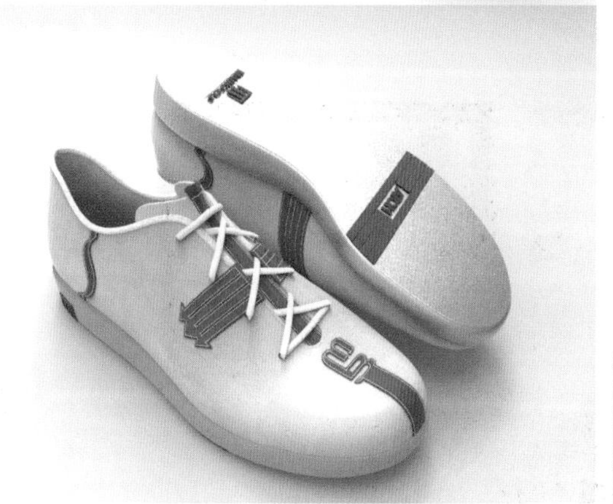

图 5-6-9 Shoemaster 三维效果图实例

第七节 草模原型

草模原型法常见于鞋履设计领域的概念构成阶段，通过代木鞋底、吸塑楦壳、材料附着、替代材料打样等方式实现初始模型，供设计团队内部以及客户与使用者测试与验证设计方案。

01- 草模原型的特性

草模原型一般作为内部使用，是一种设计师和团队自我检查、发现问题的重要手段，也是客户或目标用户进行初期概念测试的极佳工具。这个过程被视为设计开发评估的重要环节，如图 5-7-1 所示。

> 便于制作

草模的制作是阶段性设计检验的方法，对环境和工具的要求比较简单，一般选择可塑性较强、易加工操作的材料来进行，要求上手快、呈现快、修改快的特点。

> 便于阶段性快速验证

鞋履开发从二维图纸到三维实体的转化中必然会碰到一些问题，阶段性通过一个真实的三维实物验证产品的空间、线条、块面、细节问题，追求产品最终所要求的立体美感。

> 便于功能测试

通过用户模拟穿着和结构测试，发现明显的结构或功能性缺陷，并在设计前期就进行修改，以促使产品达到预期的穿着体验和功能状态。

02- 草模原型的主要形式

> 吸塑楦壳

这是鞋履设计公司和院校都会采用的一种帮面草模实现方式，通过真空吸塑机做出鞋楦的三维模型，并在三维的塑料楦壳上实现款式线条的空间转化。但鞋履开发机构也可能直接在鞋楦上贴美纹纸，在美纹纸上直接实现设计方案的绘制，如图 5-7-2 所示。

> 材料附着

一般用来检验材质及色彩的搭配效果，把真实的材质小样贴到鞋楦、楦壳上模拟真实的材质和色彩搭配，便于设计师们做出合理的调整，如图 5-7-3 所示。

> 替代材料打样

在真实开发中，底厂和客户之间的沟通通常会用代木或 3D 打印的鞋底草模来完成沟通和修改，但在学院派概念性设计方案中，则会根据其设计效果使用发泡材料、软陶土、油泥、筷子等更多的替代材料来实现鞋底草模，如图 5-7-4 所示。

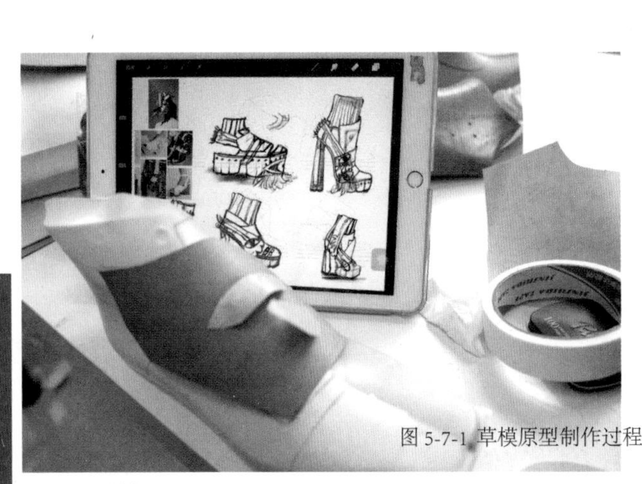

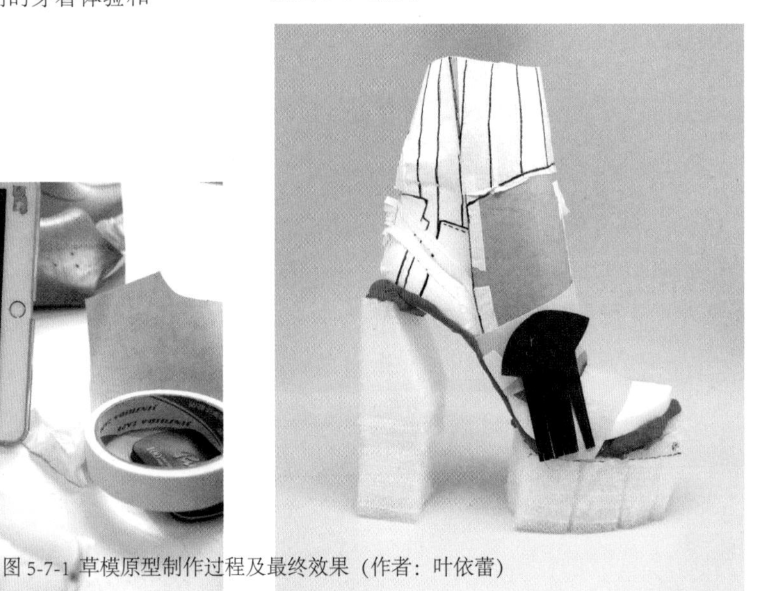

图 5-7-1 草模原型制作过程及最终效果（作者：叶依蕾）

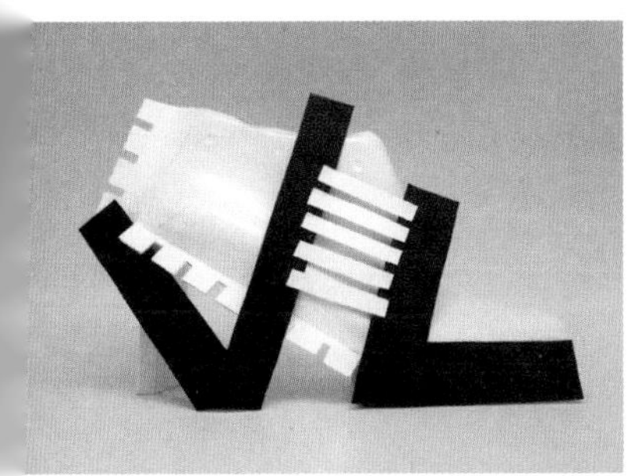
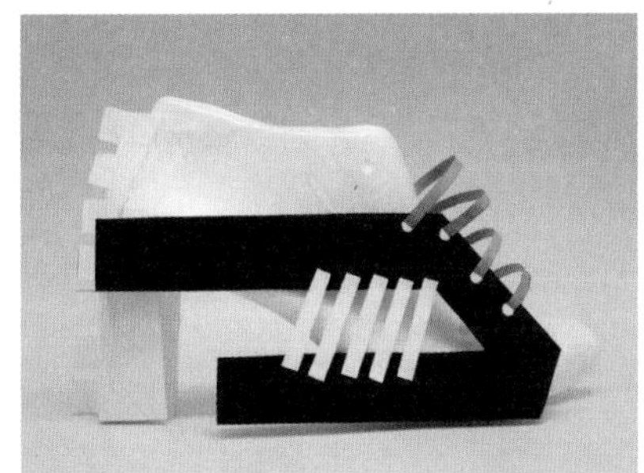
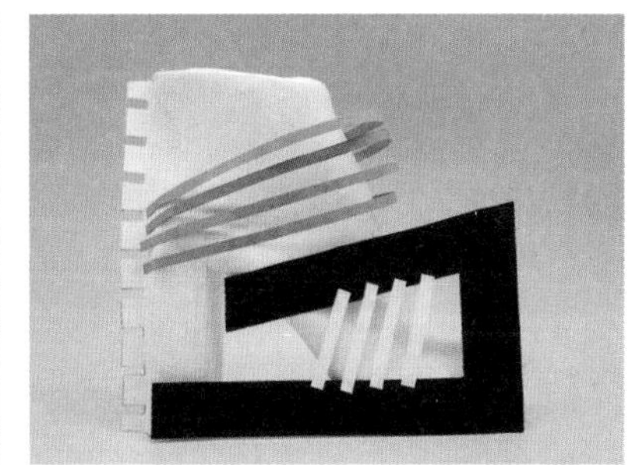

图 5-7-2 吸塑楦壳（作者：陈明舒）

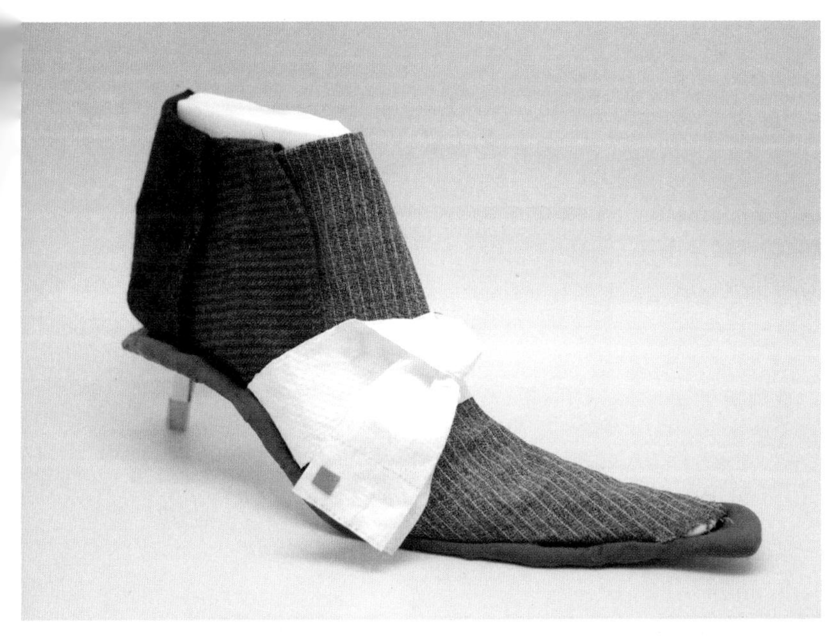

图 5-7-3 材料附着（作者：黄璐雯）

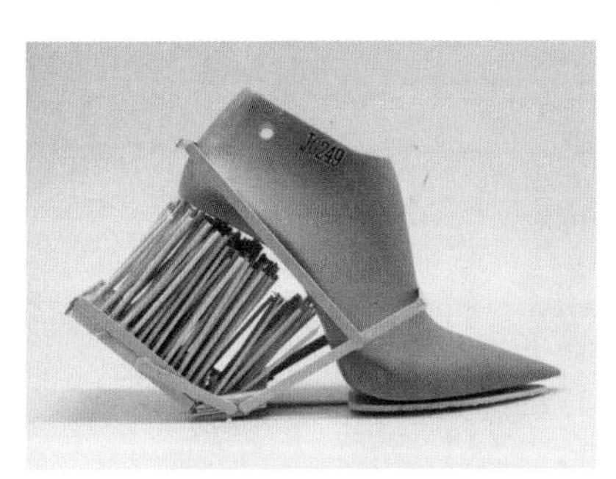
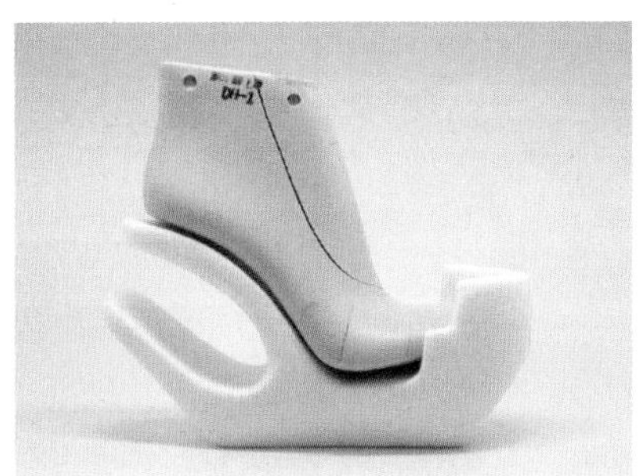
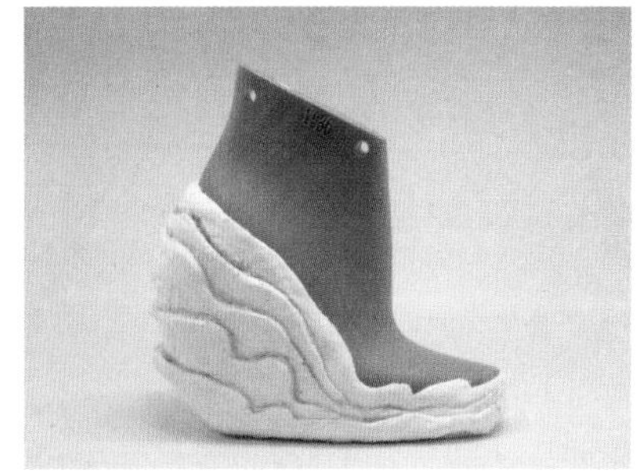

图 5-7-4 替代材料打样（作者：金星月、徐成锐、黄晶晶）

第八节 虚拟现实

虚拟现实技术是一种可以创建和体验虚拟世界的计算机仿真系统，它利用计算机生成一种模拟环境，是一种多源信息融合的、交互式的三维动态视景和实体行为的系统仿真，使用户沉浸到该环境中，随着科技的发展也逐步用于鞋类产品的表现中。

01- 虚拟现实的主要功能

> 设计展示

设计师可以在一个完全互动的、身临其境的虚拟环境中向同事回顾和展示鞋子新概念与设计。

> 虚拟试穿

在虚拟的环境中，让用户体会到真实穿着时的真实感受，从视觉、触觉、嗅觉、味觉、听觉等给予试穿模拟反馈。

> 用户定制

为减少成本、方便定制，消费者可以通过虚拟现实的平台来设计自己的运动鞋，而且还可以实时查看设计效果。

> 决策辅助

在虚拟零售环境中展示鞋子，在鞋子还未运动到地点之前，在虚拟店面中测试其布局和吸引力。

虚拟现实在鞋履行业的运用实例如图 5-8-1 ～图 5-8-5。

图 5-8-1 鞋履公司德克斯使用 VR 技术虚拟展示新品（来源：Worldviz）

图 5-8-2 Wanna Kicks 使用 AR 技术虚拟现实运动鞋穿着效果（来源：Wannaby）

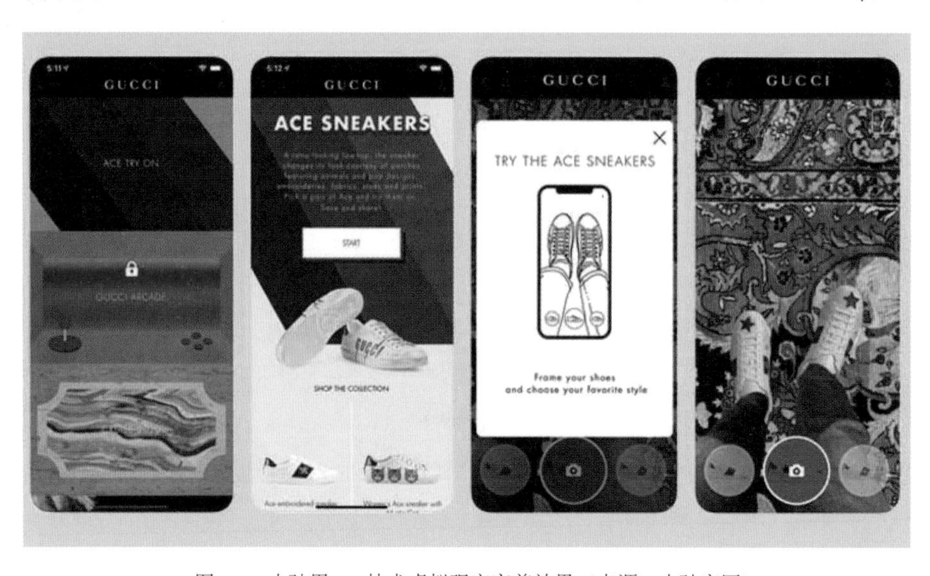

图 5-8-3 古驰用 AR 技术虚拟现实穿着效果（来源：古驰官网）

02- 虚拟现实法的步骤

> 建构模型

根据鞋履设计构思建构模型。可以在犀牛、3D Studio Max、Maya、Lightwave 或 Softimage xsi 等软件里直接建构，也可以使用三维扫描仪对已有的鞋履实物进行扫描后辅助生成模型。

> 编写交互程序

引入模型到虚拟现实制作软件中，添加动画、声音、图片、交互编程、Shader 编写，编程与其他软件的通讯等。虚拟现实技术软件包括 Virtools、VR platform、 Quest 3D、 ViewPoint、Turntools 和 Cult 3D 等。

> 执行交互程序

通过执行输出的可执行文件（EXE 文件）和浏览器播放插件把模型显示在屏幕上，使用鼠标和键盘点击设置的交互进行人机互动。

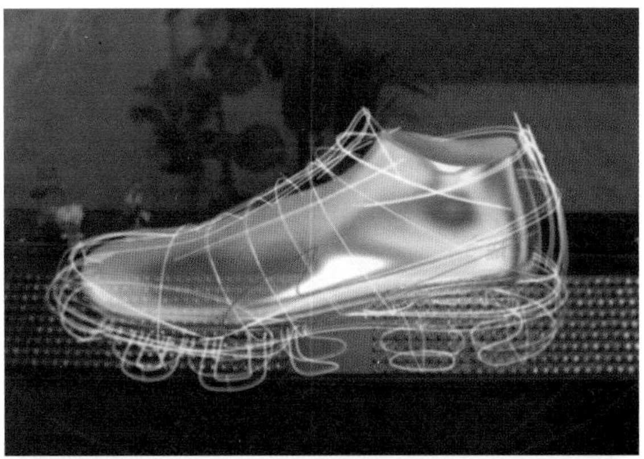

图 5-8-4 Nike，Del，Meta Vision 和 Ultrahaptics 合作的虚拟现实鞋履设计 (来源：Nike)

图 5-8-5 Nikeid 虚拟现实用户定制（来源：Hypebeast）

第九节 爆炸图

爆炸图又称产品拆解图，是具有立体感的分解说明图，主要是为了阐明其鞋履每个部件的材质、名称以及拼接形式，让他人更能理解其鞋履结构，这种方法常用于运动鞋的表达。

01- 爆炸图法的要点

鞋履风扇内机安装图

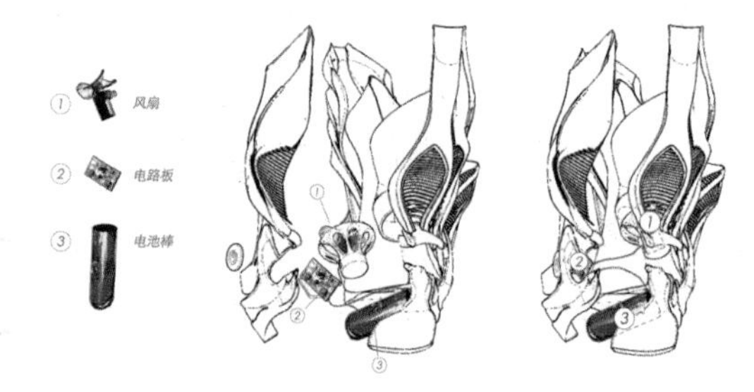

鞋履的帮面和需3D打印的部件

（打印参照如图、因考虑到后期内机的组装，整个模型分为若干块打印，装完内机后再组装为整体）

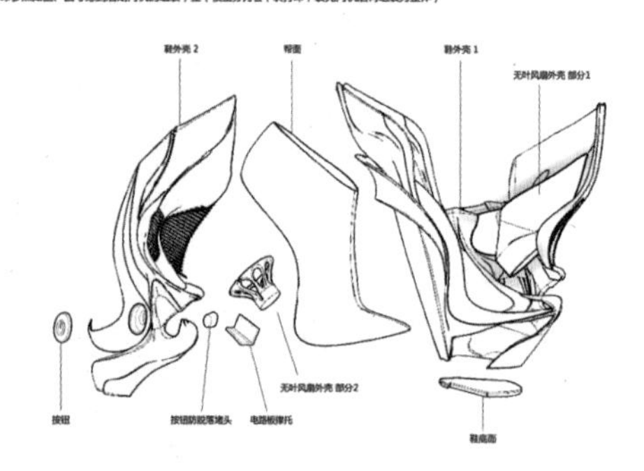

鞋履所有部件

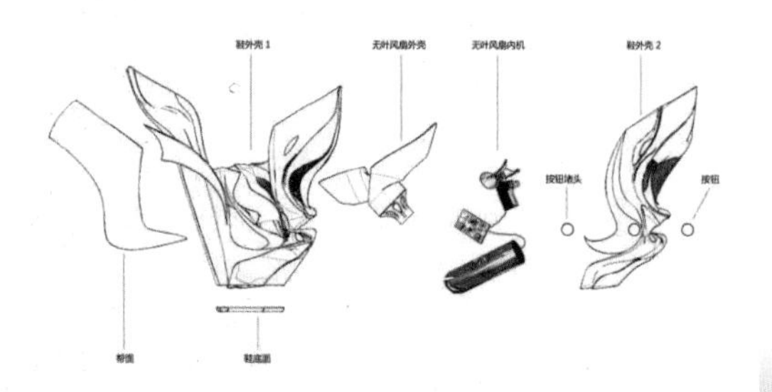

> 中轴线

中轴线是影响鞋履产品爆炸方向性的线条，通常有上下爆炸、前后爆炸、曲线爆炸等形式，可以根据设计师的表达需要来确定爆炸的具体方向，进行确定中轴线的形式和走向。

> 透视方向

每个鞋履部件都要遵循一定的透视关系，才能保证爆炸后近大远小的视觉平衡美感。

> 辅助线

为了更好地让用户理解设计师的设计意图，选择辅助线来进行标注、连接各个部件，能让爆炸的效果更佳，甚至在重要的局部可用引出的辅助线来进行放大镜显示。

鞋履爆炸图法实例如图 5-9-1 ～图 5-9-2。

图 5-9-1 鞋履爆炸图法实例 1（作者：王琦怡）

02- 爆炸图的绘制步骤

> 选择透视方向，绘制中轴线

快速绘制中轴线，以中轴线为透视方向。

> 提炼产品各部件的简单形体

复杂的形体只要追随简单的形体绘制方法即可，逐个绘制各部件的基本形体。根据透视以及前后比例关系，通过透视辅助线，依次绘制鞋履的每个部件的轮廓。

> 塑造形体

在注意前后细节对应的同时，用加减法去塑造形体。

> 深入刻画细节

深入刻画细节，增强前后层次关系。

> 微调完善画面

添加阴影，增强产品形态转折即可。

图 5-9-2 鞋履爆炸图法实例 2（作者：徐成锐）

第十节 技术性绘图

技术性绘图，又称工艺图。它运用投影法在平面上表达三维的鞋履设计或构建方案。技术性绘图可由鞋履或者鞋履部件或组件的三视图组成，用于技术性指导，不需要创意性的绘画表现。因此要求尽可能地描绘详细具体，不仅设计师看得明白，也要让生产过程中其他相关人员也看得明白。

01- 技术性绘图的构成要素

技术性绘图主要由线稿及标示组成：

> 线稿

一般要求以实际比例为基础绘制，要求结构表达清晰明了，部件穿插顺序清楚，必要时需要将细节放大表示。

> 标示

工艺图的标示指通过设计说明、材料样本、文字解释等形式来标示设计师的想法、工艺制作手法、材料使用说明等信息，这些信息的标注将有利于设计师之外的人能够更加清晰地了解设计师的想法，如图 5-10-1、图 5-10-2 所示。

02- 技术性绘图的步骤

> 绘制线稿

根据鞋履表达需要绘制鞋履的线稿（常用全侧或者三视图）。

> 增加细节

将重要的、复杂的细节放大。

> 添加标示

添加设计说明、材料样本、文字解释等标示辅助表达。

reminder

注意：

一般技术性绘图不需要做绚丽的色彩效果，简单线稿配合区域材料和结构标注最为直接明了。

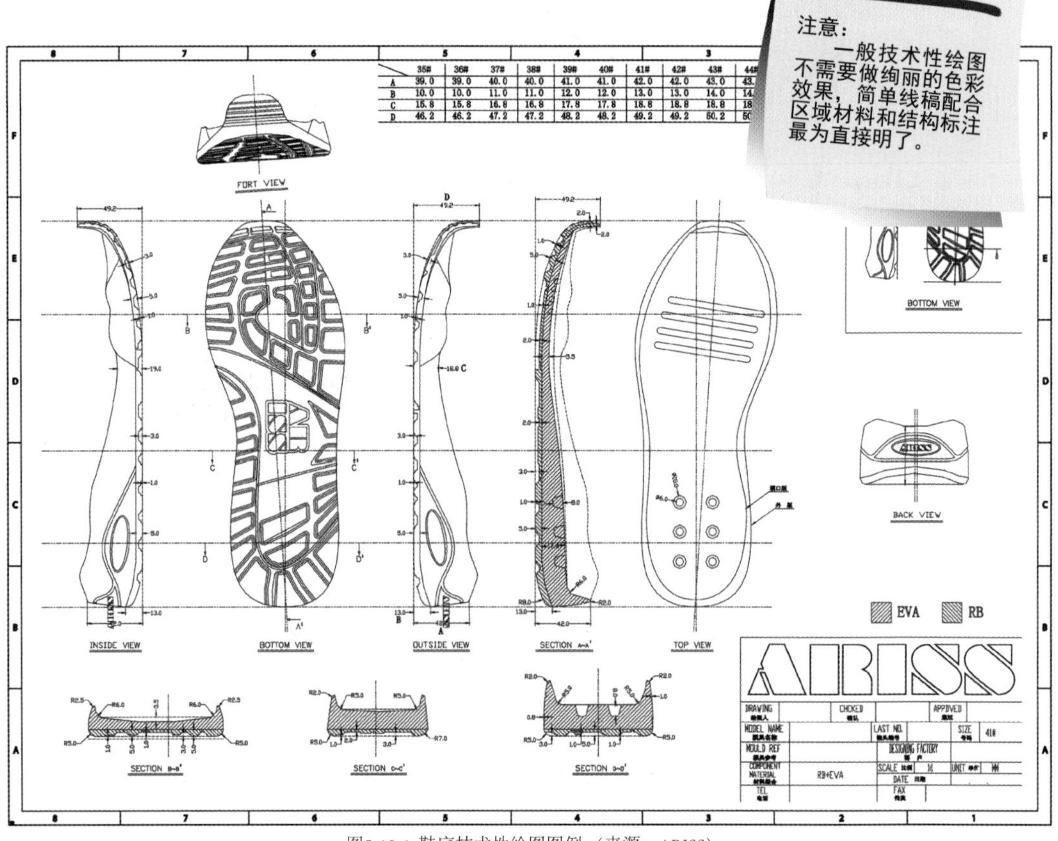

图5-10-1 鞋底技术性绘图图例（来源：ARISS）

设计理念：

我的灵感来源于都市的霓虹灯，随着当代艺术中霓虹装置艺术、霓虹色、重影效果相片的流行，它们也影响了设计的潮流趋势。当今社会，越来越多的人们加入了运动的队伍中，对于运动装备的审美要求也随之变高。在近年的秀场上，我们可以明显地感觉到运动风影响了整个时尚圈。我希望设计出舒适且符合当下流行趋势的运动鞋，因此加入了霓虹色模糊效果及今年流行的绑带设计，三款运动鞋皆中性化，不论男女都可以穿着。

“乔丹杯”第十一届中国运动装备设计大赛

霓虹

JORDAN NEON

黑色漆皮包边

霓虹色网面

柔软橡胶鞋底
表层凸起纹理

灰色松紧绑带
表层凸起英文印花

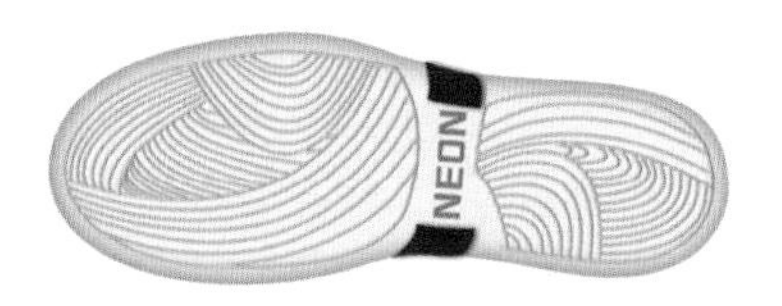

鞋底

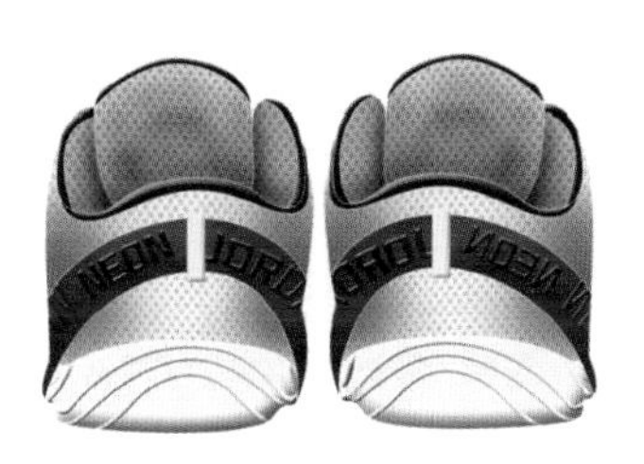

后视图

材质说明：

1 黑色针织里布
2 网面透气面料（霓虹色）
3 黑色织边
4 白色塑料圆孔
5 白色橡胶
6 凸起的花纹
7 黑色松紧带
8 黑色半透明tpu（凸起字母）
9 黑色缝线
10 白色缝线

工艺说明：

a 细长方形白色皮质条带，松紧带从中穿过
b 里布颜色翻出，外侧缝线
c 侧面鞋底包住鞋面

材质及工艺说明

Fabric and technic

图 5-10-2 “霓虹”运动鞋技术性绘图 图例（作者：黄琳智）

第十一节 版面设计

版面设计的最终目的是清晰地、集中地传递设计理念，展示最终鞋履设计及相关要素。设计师首先考虑到主题的思想精神，其次要突出设计的主体物，再次需要打造独特视觉，找到一个符合三者合一的完美表现形式，才能将鞋履设计中所要表达的精神传递给读者。

01- 版面设计的要点

> 注重主题氛围的表达

要使设计表达获得良好的诱导力，鲜明突出所要表达的主题显得非常重要。一方面，主题氛围常常通过叠加氛围背景图、统一色彩调性、调整字体和添加辅助细节来进行塑造。另一方面，主题氛围也可以通过版面的空间层次，主从关系，视觉秩序及彼此间逻辑条理性的把握与运用来达到。但是不论使用何种形式，都必须符合主题的思想内容，这是版面设计的前提。

> 凸显设计主体物

只讲完美的表现形式而脱离内容是不够的，版面设计的核心是鞋履设计方案，按照主从关系的顺序，放大设计主体成为视觉中心，或将需要编排的信息按照均等的关系来进行有序的整体编排，也可以利用图片前后的空间关系营造氛围，进行编排等。

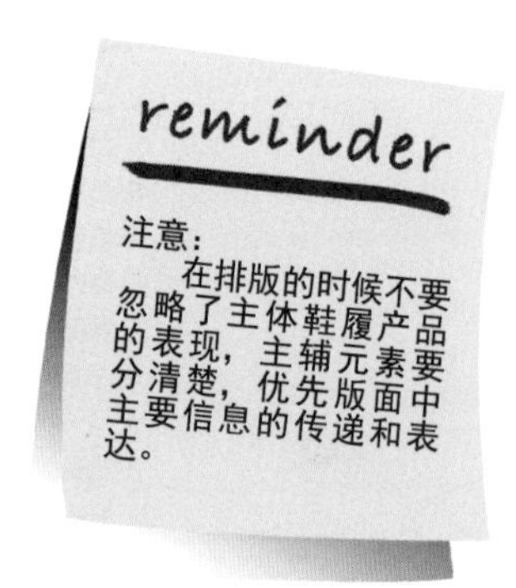

> 打造独特视觉

在编排中，除图片本身具有的趣味外，再进行巧妙编排和配置，可营造出一种妙不可言的空间环境。在很多情况下，平淡无奇的图片经过巧妙的组织后，能产生神奇美妙的视觉效果。

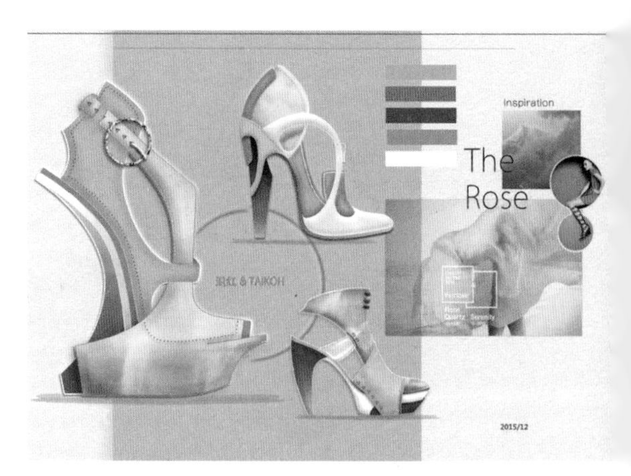

图5-11-1 The Rose 系列鞋履版面设计（作者：张治环）

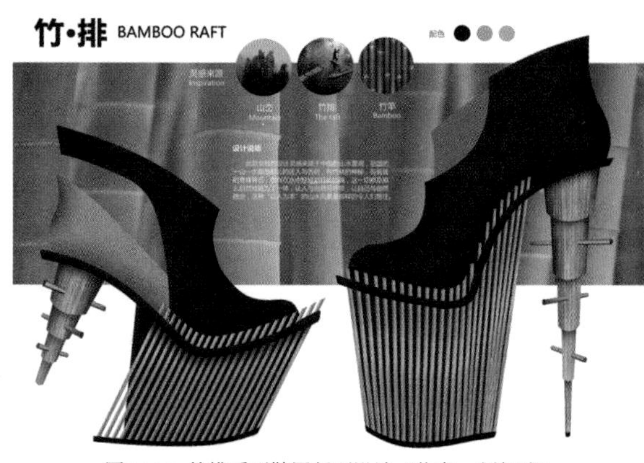

图5-11-2 竹排系列鞋履版面设计（作者：刘轩成）

图5-11-3 同一系列鞋履版面设计（作者：徐成锐）

02- 版面上的常规内容

> 鞋履设计方案

最终的鞋履设计效果图，常规参赛系列鞋履设计方案由 3~5 款鞋履设计组成。

> 作品名称

一般需要给设计作品取一个和主题关联的名字，最好能贴近最终设计的关键要素，但是又有一定的想象空间和蕴藏一定的文化内涵。

> 灵感来源

一般通过少量图片表示最终鞋履设计方案中的灵感参考。

> 设计说明

简单叙述设计的背景、创新点等信息，以便阅读者能快速了解设计师的构思。

> 色彩和材料图片

该组鞋履设计方案用到的色彩，可以只是颜色的提炼，也可以精准到色号、色彩名称。

鞋履版面设计实例，如图 5-11-1 ～图 5-11-7 所示。

图5-11-5 Type Girl系列鞋履版面设计（作者：赵舟旭）

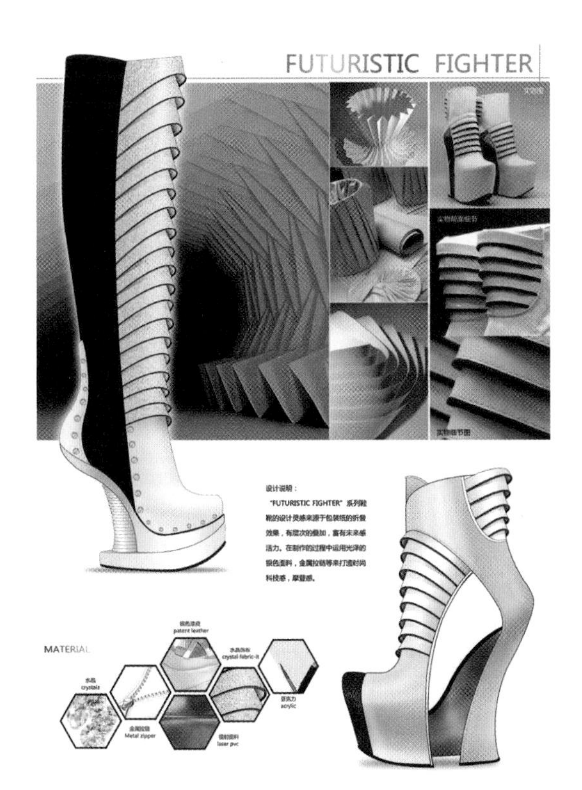

图5-11-4 Futuristic Fighter系列鞋履版面设计（作者：赵舟旭）

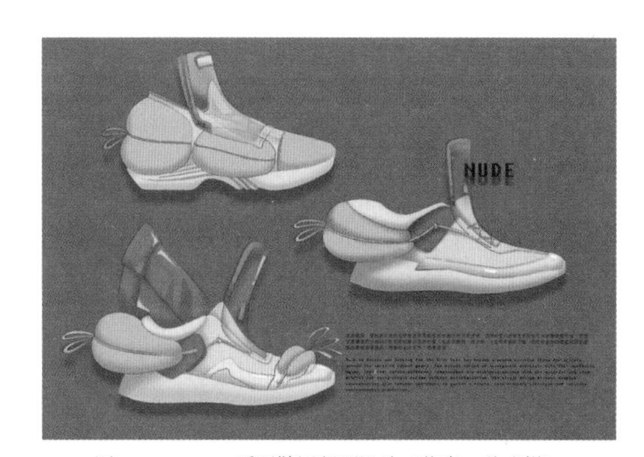

图5-11-6 NUDE系列鞋履版面设计（作者：徐成锐）

图5-11-7 Memories of 1994系列鞋履版面设计（作者：张治环）

后记

教学之路，任重而道远。

感谢东华大学很多教学前辈给我的影响和指点，让我在遇到困难时能最快找回自己原有的激情和活力；感谢每一位理解、支持我的学生，你们的进步是我最大的动力源泉，你们的意见也将伴我不断进步；还要感谢在背后支持我理解我的家人们、朋友们，教学工作的投入让我忽略了你们的感受，你们却依然坚守在我的身边。

此本教材在编写过程中，得到了中国皮革协会、上海皮革协会、深圳皮革协会、香港鞋业总会、上海雅氏鞋业有限公司、创意鞋材有限公司、建发鞋楦、邦尔福鞋材有限公司、ISCA、广州洋洋鞋业、深圳耀群鞋业有限公司、上海国学鞋楦厂、新百丽鞋业有限公司、伟星集团、BASF、上海埃力盟创意设计有限公司等单位的支持和帮助，我的导师俞英、刘晓刚，我的前辈吴翔、缪元吉、李新刚、张煜等给予我系统性的梳理，我的行业前辈徐士尧、陈果老师等提供了实战指导，我的学生杨景裕、刘轩成、赵舟旭、戴伟豪、张艺涵、徐成锐、苗雨鑫、贺聪、谢冰雁等也付出了辛勤的汗水，参与了图片收集和绘制工作，在此对他们一并表示感谢。

这本书写完已经快三年，因为商业的原因没有办法按照原定计划出版全彩版本，但是希望后续我能不断地完善，能在将来积累到可以出版一本比较全面的鞋履设计的书籍，让更多的年轻人喜欢看，有兴趣加入到鞋履设计行业。

由于编者水平有限，书中难免存在一些不足，敬请广大读者和专家批评指正。

编者 田玉晶

2021 年 9 月